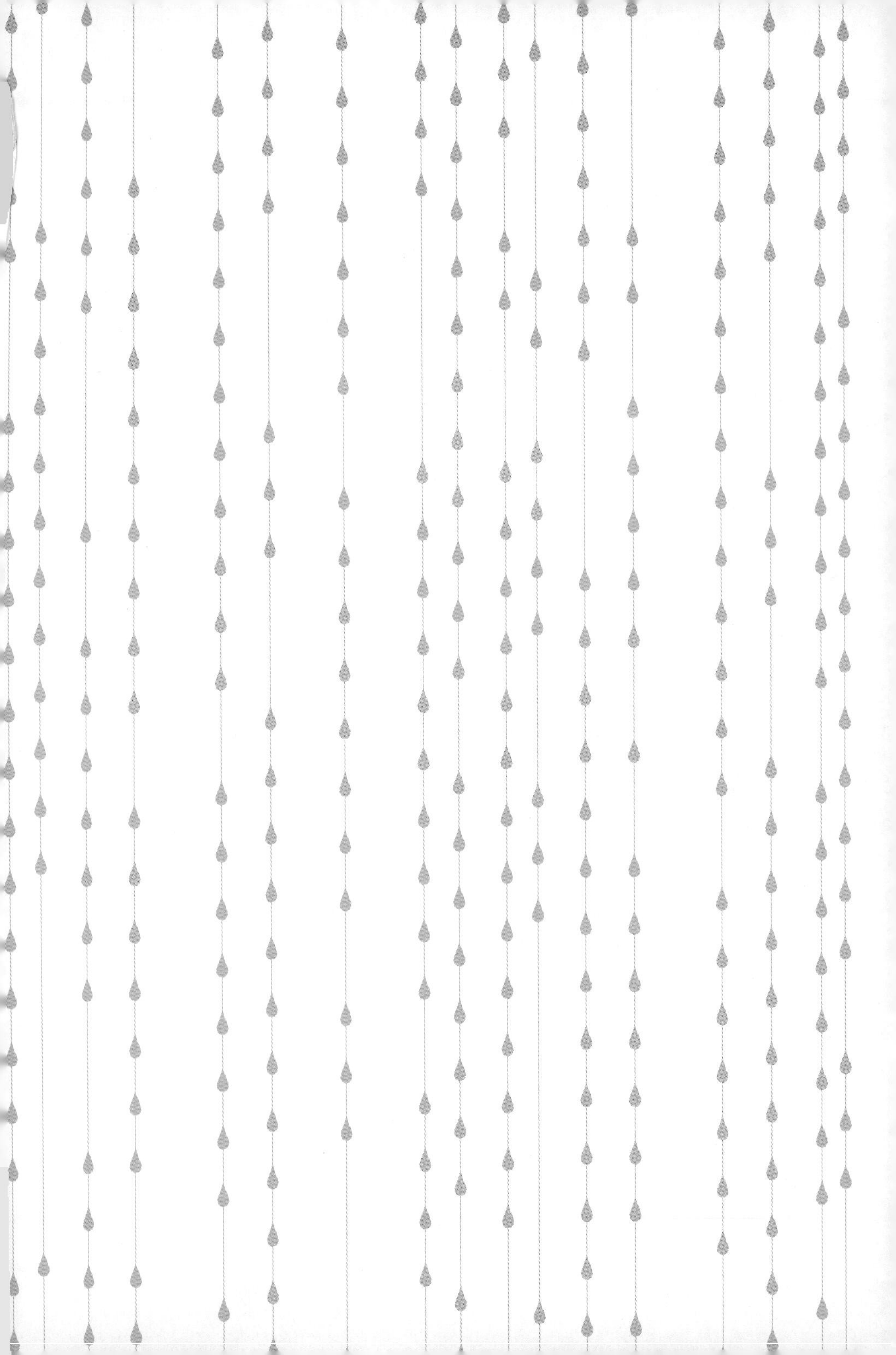

シャンプーをやめると、髪が増える
抜け毛、薄毛、パサつきは"洗いすぎ"が原因だった!

NEW
暢銷
修訂版

擺脫洗髮精 頭髮變多更健康!

專業抗老名醫 宇津木龍一◎著　　莊雅琇◎譯

〔目次〕
content

PART 2

為什麼洗髮精會導致禿頭？

MEMO

矽靈（Silicon）是以「矽（Si）」這種礦物為原料形成的化合物。

〔目次〕
content

PART 3 實踐清水洗髮恢復健康秀髮

MEMO

清水洗髮這樣洗

1・34～35℃溫水

2・以指腹輕按頭皮

3・先擦乾再吹髮

4・吹風機保持 15cm

5・洗髮前先梳頭

〔目次〕
content

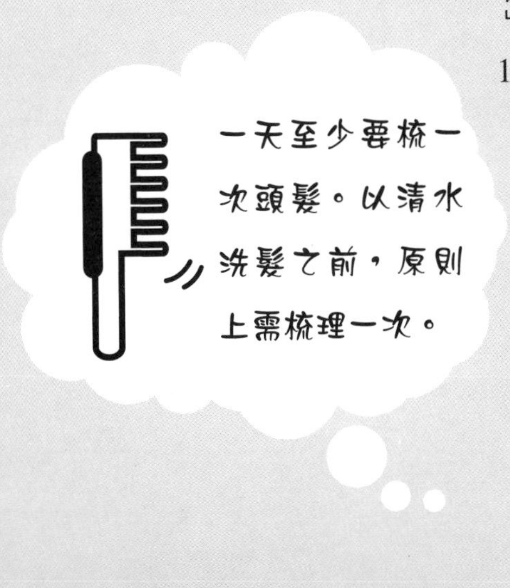

一天至少要梳一次頭髮。以清水洗髮之前，原則上需梳理一次。

PART 4 「清水洗滌」正是洗澡的基本觀念

〔目次〕
content

推薦序

延續「肌斷食」理念的頭皮保養簡單化

呂佩璇
台北亞緻整形外科
皮膚外科醫師

宇津木龍一醫師是在日本執業的整形外科醫師，上一本著作《肌斷食：立即丟掉你的保養品及化妝品，99%的肌膚煩惱都能改善！》，提出皮膚保養的斷食理念，這本新書則是延續「肌斷食」的理念，提出頭皮清潔應該屏棄洗髮精，不用造型品、染髮劑、戴假髮等，對於保養程序繁複的日本人，是一大挑戰。

洗髮精的本質就是把頭皮洗乾淨，頭皮乾淨、沒有發炎，才會有健康優質的頭髮，過多過強的界面活性劑和防腐劑，或是在產品本質以外的添加劑，的確不利於頭皮健康。然而，保養的概念，應該因時、因地、因人制宜，台灣地處亞熱帶，整體比日本更為濕熱，再加上現今空氣污染嚴重，以及愈來愈多人有運動的好習慣，只用清水清洗頭皮，是否適合每一個人，還需要再觀察。另外請讀者注意，本書建議使用舊毛巾吸乾臉上的水分，理由是舊毛巾的吸水力比較強，我一般建議民眾，使用不含螢光劑的乾淨面紙吸乾臉上水分，用完即可丟棄，避免舊毛巾上面有任何黴菌或是微生物的生長。

宇津木龍一醫師從整形外科的燒燙傷病患身上，得到很多皮膚與疤痕照顧的概念，進而成立抗老醫學機構「北里研究所病院美容醫學中心」，我們從他的著作，可以反思繁雜的頭皮保養，是否真正適合自己，從而做出正確的選擇。

前言宇津木龍一　宇津木流診所院長

擺脫洗髮精，髮量自然多！

有一年，當我出席了北里大學醫院整形外科的新年會，有幾位醫師看到我的俐落短髮，紛紛圍到我身邊，盯著我的頭髮猛瞧，驚訝地問：

「你的髮量是不是變多了？」

「頭髮很挺欸，你有用髮蠟定型嗎？」

我的頭髮確實變多了。不但每一根頭髮都變粗，髮量也變多。不知道是不是頭髮變得有彈性的關係，以前不用慕斯定型的話，稀疏的前髮就會塌下來。但現在只要用手指輕輕抓握，前髮就顯得直挺有彈性。

我沒有特別使用養髮液或生髮水，也沒有刻意按摩頭皮。我只不過**擺脫洗髮精，改用清水洗髮而已**。

我到了50歲才停止使用洗髮精、改用清水洗髮，結果非常成功。當年還用洗髮精洗髮時，頭髮到了傍晚就會黏膩，還會散發一股「老人味」。如今已停用了七年，不僅髮量增加，頭髮也不會黏膩，更不會飄出異味。因為用清水沖洗的關係，才能讓我的頭皮及頭髮永遠乾乾淨淨。

據說日本人之中，有一九〇〇萬人深受頭髮稀疏所苦。搭電車時，站在車廂放眼望去，坐著的乘客當中確實有不少人的頭髮顯得稀稀落落。不論年輕男性或中年女性，許多人的頭皮都因為頭髮稀疏而若隱若現。

如果頭髮愈來愈稀疏，有的時候是因為社會壓力過多或飲食習慣改變所造成的，但是我認為最主要的原因是洗髮精。

以最近的洗髮精來說，產品中含有將近四十種化學成分一點也不足為奇。這些化學物質每天都侵入頭皮的十萬個毛囊摧殘髮根，當毛囊受損，自然無法長出健康強韌的粗髮。

再加上洗髮精的洗淨效果相當強，會把皮脂清得一乾二淨，導致皮脂腺發達，使得**輸往頭髮的養分被皮脂腺所吸收，這就是造成頭髮稀疏的主要因素**。

花王東京研究所在二〇〇六年的日本藥學會上發表了一篇研究報告：

「實際調查3歲～69歲共計一〇六三名男女的頭皮後，發現約七～八成的人有頭皮屑或紅斑等症狀，使頭皮呈現水分蒸發、胺基酸溶出、有核細胞（nucleated cells，簡稱NCs）率上升等情形，造成頭皮角質的屏障功能減弱。」

以上顯而易見，全是洗髮精所帶來的負面影響。由於這是洗髮精公司自行提出來的研究報告，證實這些損害的發生機率相當高，更值得我們重視。

由此可知，洗髮精確實會產生損害。只要停用洗髮精，不但可以排除損害，也能讓頭髮及頭皮蒙受許多「好處」。

本書詳細介紹了停用洗髮精的相關理論及實踐方式，與各位分享為什麼擺脫洗髮精後髮量會變多？該怎麼做才能避免半途而廢、成功擺脫洗髮精？不論男女老幼，如果有更多讀者看了這本書後，立刻拋棄洗髮精、改用清水洗髮，使頭皮及頭髮恢復健康，將是我莫大的喜悅。

最後一章談到的是擺脫肥皂，只用清水洗滌身體及臉部。因為我希望成功擺脫洗髮精的讀者，也能藉此一併擺脫肥皂。既然用清水清洗頭皮肌膚的效果最理想，當然最好也能用清水清潔身體和臉部的肌膚。我的親朋好友嘗試停用洗髮精後，幾乎一〇〇%最後都只以清水洗澡。擺脫洗髮精及肥皂，是對人體最自然且最佳的照護方式，請各位務必親身體驗箇中奧妙。

PART 1

宇津木龍一醫師
髮量變多的祕密

緣起於頭皮出現紅疹

我的恩師、前北里大學整形外科教授一個月只洗一次頭髮。而僅有的一次，也只在淋浴時用清水稍微沖一下，完全沒有用洗髮精等產品。

這位教授不但是技術高超、極富專業知識的醫師，除了醫學上的專業以外，也是一位博聞多識、深具教養的翩翩紳士，更是一位通情達理的人。當我還是醫學系的學生時，他就是我景仰的對象。

但是教授不洗髮，順帶一提，他也不洗澡，頂多一個月沖一次澡而已。唯獨這一點，我感到十分驚訝，覺得一點也不像教授的作風。可是教授的頭髮從來沒有飄散出異味，真的一點味道也沒有。儘管心裡覺得不可思議，不過我那時候並沒有想太多，每天還是勤快地用洗髮精和潤絲精洗髮，過著一般社會大眾眼中的「正常」生活。

後來之所以停用洗髮精，是因為過敏。

我的髮質纖細、蓬鬆，缺乏彈性，不抹一點定型產品，前髮就會散亂地塌下來。年紀都已經老大不小了，如果還頂著散落的瀏海去上班，多少有些難為情，所以我都用慕斯整理頭髮。

到了40歲左右，我的皮膚開始產生變化。由於額頭髮際出現紅疹，使我不得不停用慕斯，改用其他定型產品，可是過了一陣子又出現了紅疹。這種情形一再復發，最後我只能在髮梢抹一點凡士林勉強定型。因為凡士林是石油蒸餾的殘留物加以精製的純油產品，至少不會引發紅疹。

與紅疹奮戰期間，我甚至沒辦法穿內褲。因為一穿上去，皮膚就會沿著腰部的鬆緊帶腫出一圈帶狀發硬的紅疹。而且癢得受不了，不抓不行。妻子不知道從哪聽到「用純皂清洗會改善症狀」，從此全部改用純皂洗衣服，我的紅疹狀況也戛然而止，徹底解決了煩惱。

「兇手」就是合成清潔劑。

剩下的問題就是手術衣了。手術衣是由醫院統一清洗，使用的清潔劑自然是合成產品。為了不讓合成清潔劑「污染」過的手術衣直接接觸肌膚，我會在底下穿著在家用純皂洗過的內衣褲，但手術時間如果超過八小時，我就會汗流浹背，或許是附著在手術衣上的合成清潔劑成分，透過汗溼的內衣沾到肌膚，我的身體立刻腫出一片蕁麻疹般的紅疹，並且奇癢無比。

照這樣下去，便會影響手術。我只好在手術衣下穿著及膝的內搭褲，總算解決了「手術衣問題」。

由於定型產品與合成清潔劑使我產生嚴重過敏，我開始覺得自己所使用的物品可能造成身體極大傷害，忍不住對洗髮精、潤絲精或護髮產品抱持懷疑態度。

不知不覺已擺脫洗髮精七年

我喜歡短髮，一直把頭髮理得短短的。

有一天，妻子盯著我的額頭猛瞧，接著驚呼：「咦？」感覺情況不妙。她接著說：「頭皮好明顯……。頭髮變得很少欸……。」妻子依然直盯著我的額頭，說：「把頭髮留長，應該可以遮一下光禿的頭皮吧。」

我只好把頭髮留長。

那時候我正好在研究洗髮精、潤絲精、護髮產品，看看是否含有危害人體的成分。經過多番調查後發現，洗髮精含有許多可疑成分，包括刺激性極強的界面活性劑與致癌物質、以及會擾亂荷爾蒙的化學成分。

我以前竟然把這麼恐怖的東西抹在頭上嗎……。感到毛骨悚然的我，決定停用洗髮精和潤絲精，只用清水洗髮。

就這樣過了七年，直到今天，我完全沒用過一次洗髮精。

「咦？不用洗髮精好像也沒關係？那麼中間隔久一點看看吧？」

當初便是以這種方式慢慢減少使用洗髮精的次數，不知不覺便過了七年。

我並不是意志堅決地挑戰自己的能耐：「從此以後再也不使用洗髮精！」而是以輕鬆的心情逐步摸索：「不用洗髮精的感覺如何呢？」就在嘗試只用清水洗髮的過程中，我深深感受到洗髮後的舒暢痛快，自己的身心也在不經意間恢復了健康。

頭髮變粗了！

「不想使用有害身體健康的東西。」只因為這個理由而姑且停用洗髮精，卻帶來意想不到的許多好處。其中最驚人的效果，就是改善了頭髮稀疏的問題！

原本像貓毛一樣的細軟髮絲，不但一根一根變粗，也強健許多。用手指觸摸頭髮時，確實能感覺到它變得強韌有彈性。至少前額部分的髮量增加，也長得又濃又密。就連我去美容院，替我洗髮的美容師也說：「宇津木先生的頭髮很有彈性、很健康喔！」以前從來沒有人這樣對我說。

由於髮絲變粗、髮量增多，我再也不必擔心頭皮因為頭髮稀疏而露出來，於是把頭髮剪得非常短。結果大家在工作等場合上看到我的短髮，都紛紛問我：「宇津木先生每天早上都擦什麼，頭髮才能像刺蝟一樣那麼直挺？」

關於「髮量增加」這項可喜的現象，是我停用洗髮精後三年左右才出現的，不過有一項變化是在短短三個月內立即顯現，那就是頭髮本身有了「定型能力」。過去不用定型產品就會散落在額頭的前髮，如今只要用手指輕輕抓握，就能站得挺直，還能長時間維持髮型。不僅如此，頭髮也不會黏膩，可以輕輕鬆鬆整理頭髮。

只用**清水洗髮可以把適量皮脂留在髮絲上，這便成了抹在頭髮上的「天然定型產品」**。我也是這時候才知道，頭髮本來就有定型的能力。

不到三個月，我的頭髮便有了定型能力，換句話說，停用洗髮精不到半年，便產生如此驚人的變化。

當我每天還在努力用洗髮精洗髮的時候，儘管用了洗髮精（就是用了洗髮精才會這樣），一到傍晚，頭髮就變得十分黏膩，同時散發出異味。不僅「油膩」，還多了中年大叔特有的「老人味」。

由於我那一頭貓毛般的細軟髮絲變得黏膩，使髮量更顯得單薄、又扁又塌，看起來稀疏可憐。

然而，當我開始用清水洗髮，黏膩感逐漸減少，也不再飄散出異味。妻子以前常常對我說：「老公，你頭髮有點味道」，如今則非常肯定這種方式的成效：「咦？頭髮沒有異味了耶！」

這是老夫老妻才會說的「逆耳忠言」。正因為實話實說的妻子如此掛保證，效果更加值得信賴吧。

話雖如此，為什麼頭髮有了定型能力呢？而且不再黏膩發出異味、髮絲也變得粗壯強健呢？關於這一點，後面會為各位解說。

我曾經把不常洗髮的恩師當作怪人，但現在才知道自己太過無知。

可喜的是，我身邊也有好幾人停用洗髮精。接下來為各位介紹兩人的親身體驗，但願他們的說法會加強各位擺脫洗髮精的決心！

被排除在「禿頭名單」之外!?

東京西麻布有一間只有吧台的迷你日本料理店。只要來八位客人，店裡便客滿了。魚貨全是新鮮現撈，整條茄子醃製的水茄子醬菜十分可口，剛採的竹筍非常香甜。而這家店的店主更是位挺拔高挑的帥哥，擁有一副運動鍛鍊過的緊實身材。只不過，頭髮有點稀疏……。

這位店主在三十出頭時參加了國中的同學會，二十五位男同學中，有一位「禿得相當可觀」，店長說：

「他不但額頭髮際線後退，頭頂也幾乎沒有頭髮。當時大家竊竊私語：『下一個就是他吧。』其實說的就是我。也就是說，我會是第二個禿頭的人。那時候照鏡子，確實覺得自己很危險，尤其是前髮附近，實在稀疏得很。」

話說回來，他父親好像也是禿頭。

差不多五年前，店主與他當醫生的妻子一起出席醫局的新年會。在此之前，他從朋友那裡聽說有位老教授（就是我前面提到的恩師）每個月只用清水洗一次頭髮，當他在會場上親眼見到老教授時，頓時大吃一驚。

「他應該有80歲了，頭髮卻比我還茂密！當我心想『他就是那位老教授吧？』腦海立刻浮現了五木寬之先生（譯註：日本小說家、隨筆家及作詞家。一九三二年生）的模樣。」

店主這時想起來，擁有一頭濃密捲髮的五木寬之先生，據說也不用洗髮精洗髮。他似乎有在推特或臉書上提到，洗髮精所含的界面活性劑對身體不好、用洗髮精會變禿等等。店主於是心想：「既然如此，那我就停用洗髮精！」

離開會場後，店主說他真的鐵了心，從此以後過了五年，他完全沒用過一次洗髮精，全都用清水洗髮。

「用清水洗髮一下子就洗完了，感覺非常舒暢，一點也不會不舒服。」

不知不覺間，許久未曾來店裡的客人以及十年來替他打理頭髮的美容師都對他說：「咦？你的頭髮是不是變多了？」

「事實上，自己摸摸髮絲時，也感覺得到髮根變得強健許多，原本稀稀疏疏的前髮也濃密了不少。」

前幾天，店主又參加了同學會。同學紛紛向他說：「你的頭髮變多了啊！」店主說，他完全被排除在「下一個就是他」的禿頭候補名單之外了。

枕頭沒有異味了

以下是我的女性朋友所說的實例，當事人是她的男朋友。

任職於食品公司的他，37～38歲左右時即感覺自己的頭髮愈來愈稀疏。

「我男友買了清頭皮專用的梳子、也試過各種方法，但是都沒什麼效果。後來他問了辦公室裡一位頭髮茂密的同事，請教其中的祕訣。結果那位同事說：『你就是因為用洗髮精，才會愈洗愈禿啊！』」

同事這番話與同居女友所說的話不謀而合：「洗髮精所含的界面活性劑對身體不好喔！」他立刻停用洗髮精，之後五年一直用清水洗髮。

「他原本像貓毛一樣又細又軟的頭髮變得強健許多，現在就像剛修剪過的草坪一樣油亮。以前還會隱隱約約看到頭皮，現在髮量已經增加不少了。」

在男友停用洗髮精之前，他身上的老人味也讓她十分在意。

「之前連枕頭也有味道，大概是老人味吧。但自從停用洗髮精後，這股味道慢慢消失了。現在不管是枕頭或頭髮，都不會散發出異味了。」

由此可知，因為停用洗髮精而改善頭髮稀疏、並且消除老人味的人不止我一個。

SHAMPOO
停用洗髮精也能
改善身體異味

PART 2

為什麼洗髮精會導致禿頭？

愈使用洗髮精，愈容易增加皮脂量

髮絲變粗、強韌有彈性、感覺髮量增多、頭髮變得濃密不少……。包括我在內的體驗者們，自從停用洗髮精、只用清水洗髮後，都覺得頭髮變得健康，頭髮稀疏的問題也獲得改善。

為什麼會有如此驚喜的變化？最主要的原因不外乎洗髮精損害了頭髮的健康，阻礙髮絲的生長。一旦停用洗髮精，自然可排除這項主因，使頭髮恢復健康、茁壯成長，並且改善頭髮稀疏的煩惱。

本章會詳細說明洗髮精對髮絲所造成的傷害，使頭髮稀疏的問題更嚴重。我認為最主要的因素在於「皮脂腺與皮脂」。

用顯微鏡觀察洗髮精使用過多者的頭皮時，會發現毛孔周邊的皮膚猶如火山口一樣呈凹陷狀態。這些凹陷便是由於皮脂腺太過發達，造成慢性發炎，導致毛孔周遭的真皮溶解。因此，洗髮精使用過多，會使皮脂腺過度發達，分泌出大量皮脂。

原因即在於**洗髮精會把皮脂洗得一乾二淨，使頭部缺乏皮脂，於是只好分泌大量皮脂加以補充，造成皮脂腺過於活躍**。

皮脂腺太活躍，就會產生不利頭髮生長的狀況。

如41頁插圖所示，髮根是透過毛細血管攝取養分，並利用養分使細胞不斷分裂，讓髮絲生長得又粗又長。

皮脂腺如果太過發達，就會吸收掉一大半原本用來供應髮絲的養分，使髮絲呈現營養不良的狀態。如此一來，髮絲自然無法生長茁壯。結果較粗較長的髮絲愈來愈少，反而像汗毛一樣又細又短的髮絲愈來愈多，頭髮當然顯得稀稀疏疏，朝著頂上無毛之路發展。

一般來說，一個毛孔會長出兩～三根粗髮，但是皮脂腺太過活躍的話，便無法在有限的毛孔空間裡滋養兩～三根髮絲。剛開始會有一根頭髮像汗毛一樣纖細，隨著皮脂腺愈來愈發達，就會變成兩根、最後則是毛孔裡的三根髮絲全都變細，看起來就像沒有半根頭髮一樣。實際上有不少完全禿頭的人，頭頂上依然殘留著汗毛般的細髮。

新陳代謝減弱使皮膚變薄

身為整形外科醫師，我經常在手術中切開病人的一部分頭皮，有時候遇到薄得難以置信的頭皮，甚至會懷疑自己的眼睛：「這是怎麼回事？」因為它的厚度甚至不到一般人的一半。

遇到頭皮極薄的人時，我會詢問他們如何保養頭髮。結果絕大多數都是因為有潔癖，而用洗髮精仔細清洗頭髮。有的人一天用洗髮精洗兩次到三次；有的人習慣用大量洗髮精持續洗五分鐘到十分鐘；有的人雖然一天洗一次，但是一次會用洗髮精洗兩遍。他們也大多會使用鮮為人知的高價特殊配方洗髮精。然而，正是因為用一般少見的方式持續保養頭髮，才容易有一頭貓毛般的細髮。有不少人的頭髮因此缺乏彈性、又細又軟，並且為頭髮稀疏問題所苦。

使用過多洗髮精確實會造成頭皮變薄。當頭皮變薄，髮絲也一定會變得纖細、稀疏。

為什麼洗髮精用太多，會使頭皮變薄呢？因為幾乎大部分洗髮精都含有洗淨效果極強的界面活性劑。這種成分會破壞頭皮的屏障功能，減弱頭皮的新陳代謝。

包含頭皮在內，所有皮膚的表面都具有抑制外部異物入侵、並且防止皮膚內部水分蒸發的「屏障功能」。構成這道屏障功能的成分，除了以胺基酸為主的水溶性天然保溼因子之外，還有能將角質死細胞及其他細胞連接在一起、以神經醯胺（Ceramide）為主的脂溶性細胞間脂質。這兩種成分猶如磚瓦及灰泥層疊砌成的牆壁，形成一道堅實的屏障。

能夠破壞這道堅固屏障的，便是洗髮精所含的大量界面活性劑。洗髮精裡的界面活性劑，會溶解角質細胞中構築屏障功能的天然保溼因子與油溶性的細胞間脂質，使屏障功能失效。一旦失去屏障功能，便無法保溼，導致水分不斷蒸發，頭皮因此變得乾燥枯涸，細胞也難以再生。

健康的皮膚需要花三到四天，才能使受損的屏障恢復功能。由於絕大多數日本人都是每天洗髮，有的人甚至早晚各洗一次，這樣一來，正在恢復的屏障又遭到洗髮精的洗淨威力所破壞，使頭皮愈來愈乾枯，缺少滋潤。

當頭皮表面呈「沙漠狀態」，頭皮底下會產生細胞的基底層便停止新陳代謝，難以誕生新的細胞。換句話說，因為**頭皮缺乏足夠的細胞，才會使厚度流失，愈來愈薄**。

頭皮一旦變薄，會如何呢？結果只能長出汗毛般的髮絲，加速禿頭的進展。

頭皮變薄使「髮根」失去彈性

當頭皮變薄，為什麼只能長出汗毛般的髮絲呢？

頭皮相當於髮絲的「田地」，髮絲即等於「作物」。田地的土壤若是缺少厚度，作物便無法充分扎根。就算扎了根，也會立刻碰到堅硬的砂礫或岩石，使根部無法充分伸展，作物自然難以成長茁壯。

只要想像「田地」與「作物」的關係，便很容易理解頭皮變薄的情景。

強健的髮絲會在頭皮上長得又粗又長，毛囊也會在頭皮下方牢牢扎「根」。幾乎每一個髮根都隨著成長而穿過真皮層，並且往下深深扎根到脂肪組織下方的頭骨附近。**唯有扎根至皮膚深處，才能長出粗壯、強韌的長髮**。

當洗髮精使用過度造成頭皮變薄時，脂肪組織下方就是堅硬的頭蓋骨，

髮根的結構

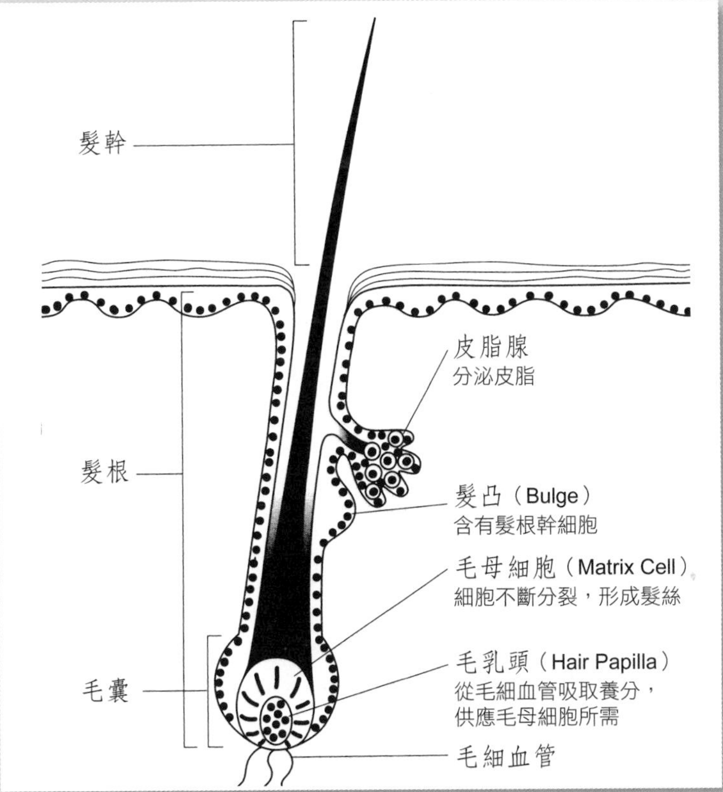

■髮根幹細胞（毛囊）的部位

皮脂腺下方的隆起部分稱為「髮凸」，髮根幹細胞即位於此。髮絲是由毛囊中的毛母細胞不斷分裂而成，形成毛母細胞或毛囊的便是位於髮凸的髮根幹細胞。由於髮根幹細胞所在的髮凸位置比毛囊還淺，因此比毛囊更容易受到洗髮精或潤絲精等成分的影響。

頭髮的生長週期

髮絲長到一定長度後，就會因爲壽命結束而掉落，再從原來的地方重新長出髮絲。髮絲的生死循環過程即稱爲「生長週期」。

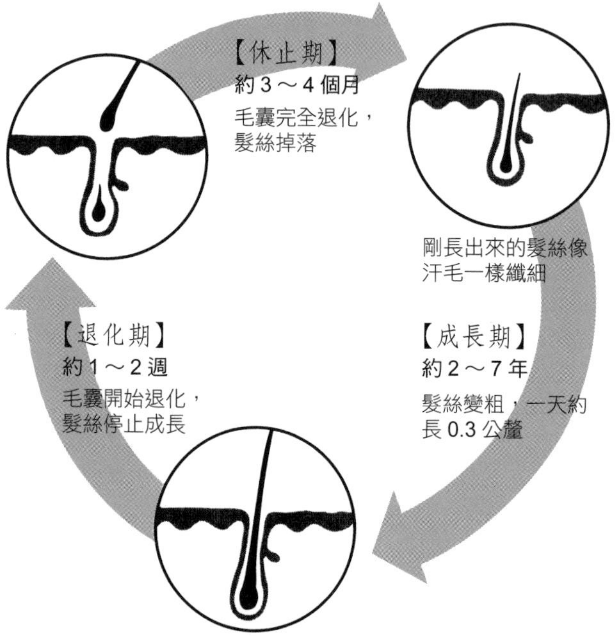
【休止期】
約 3～4 個月
毛囊完全退化，
髮絲掉落
剛長出來的髮絲像
汗毛一樣纖細
【成長期】
約 2～7 年
髮絲變粗，一天約
長 0.3 公釐
【退化期】
約 1～2 週
毛囊開始退化，
髮絲停止成長

■一天掉一百根頭髮屬於正常範圍

我們的頭部長了十萬至十五萬根髮絲。每一根髮絲都是各自獨立、各有自己的生長週期，不會一下子全部掉光。成長期的髮絲約占所有頭髮的 85%，休止期的髮絲則不到 15%，依此計算的話，平均一天有五十～一百根髮絲會自然掉落。也就是說，一天掉一百根髮絲是屬於正常範圍。

使髮根缺少扎根的空間，無法往下伸展。

田地裡原本厚達六十公分的土壤如果少了三十公分，就會碰到下方岩石，即便是白蘿蔔或牛蒡等作物，也不可能扎根扎得深。頭髮也是如此。

髮根若是不夠茁壯，長出來的髮絲便會又細又軟，短得像汗毛一樣。要是所有頭髮都「呈汗毛狀態」，當然會使禿頭的情況更嚴重。

由此可知，**洗髮精會使頭皮乾枯、減弱細胞的新陳代謝，並使厚度愈來愈薄，最後導致禿頭**。

光是如此便已相當嚇人，但繼續深入調查後，會發現洗髮精還藏著更驚人的危害。

那就是洗髮精所含的強大「細胞毒性」。

會破壞髮根幹細胞的「細胞毒性」

用顯微鏡觀察頭皮時，有的人一片光滑，幾乎沒有任何紋路，毛孔周遭也像前面提到皮脂腺時所形容的，出現月球表面般深陷的碗狀凹洞。

但是在下巴鬍鬚處的皮膚、以及其他沒有用到洗髮精的部位，毛孔並沒有呈現月球表面的情形。此外，沒有使用洗髮精或者使用頻率極少的人，頭皮的毛孔周遭也都十分平坦。

由此可知，正是因為洗髮精使用過度，才會造成皮膚呈現月球表面的狀態。

經過科學驗證，洗髮精的界面活性劑確實具有相當強的「細胞毒性」。我認為月球表面的成因，便是長年受到細胞毒性的影響所致。所謂細胞毒性，指的是直接損害細胞本身，導致壞死或造成某種傷害的毒性。

換句話說，碗狀的月球表面，就是毒性極強的洗髮精滲入毛孔，使毛孔受到刺激而發炎。長年累月下來，毛孔周遭的膠原蛋白和組織便因此流失，造成深陷的凹洞。

髮絲周遭的組織溶解，就像田裡的白蘿蔔因為附近的土壤流失而無法成長茁壯一樣，髮絲也只能長得纖細脆弱。

洗髮精的細胞毒性，究竟會對髮絲造成什麼樣的傷害？

經研究顯示，皮脂腺稍微下方的「髮凸」隆起部分含有髮根幹細胞（41頁）。毛母細胞分裂增殖，就會形成髮絲，而構成毛母細胞與毛囊的就是髮凸裡的髮根幹細胞。

毛母細胞位於頭皮下方約三～四公釐處，髮根幹細胞則幾乎在頭皮表面，距離頭皮僅約一～二公釐。深度達三～四公釐的位置並不會直接接觸洗髮精，但是深度僅一～二公釐的話，洗髮精就會直接滲透進去。因此，攸關髮絲生長的髮根幹細胞，會直接受到細胞毒性的侵襲。

髮根或頭皮一旦遭到洗髮精的細胞毒性所破壞，髮絲便無法生長發育。不但長不出髮絲，就算長出了，也只會像汗毛一樣纖細。

由於人類皮膚的再生能力極強，就算髮根遭受細胞毒性損害，還是能夠復原。但是在復原的過程中，每天仍不斷讓洗髮精滲入頭皮。可想而知，這種狀態持續十年或二十年，髮根的細胞便會消滅殆盡，導致愈來愈多毛孔完全長不出髮絲。

細胞毒性之所以恐怖，在於它造成的傷害不會立即顯現，需遭受長期侵襲才會使損害逐漸浮現，這就是細胞毒性的可怕之處。大部分國家的政府機構對於食品或藥品、化妝品等都會調查它的安全性後才准許使用。

但即便是以嚴格把關著稱的美國食品藥品管理局（FDA），實施基礎實驗的期間也不過六個月，日本則僅有數個月。可是洗髮精這類產品的使用期間長達數十年，短期實驗根本無法保證它在一年後至兩年後的安全性，更別說十年後了。因此，目前就任由它在妾身未明的情況下出現在市面上。

MEMO

洗髮精會不利

頭髮的成長

產品所含成分應多留意

我們經常可在日本化妝品及洗髮精的包裝上看到「指定成分」或「無添加」等標示。根據舊制厚生省的規範，「指定成分」即是有標示義務的成分，簡單來說，就是會引發過敏或接觸刺激、致癌的「有害指定成分」。歐洲的指定成分數量約五千種，美國也多達八百種，但日本只有一〇二種。可見日本的標準有多寬。

包裝上寫著「無添加化妝品」等字樣，確實會讓人感到放心，但其中仍然含有名列歐洲約五千種指定成分或美國約八百種指定成分的物質，儘管寫著「無添加」，也不可以貿然相信。也因此，我對這領域的輕忽態度感到氣憤，竟然對這種形同欺騙消費者的行徑完全不當一回事，任由業者胡作非為。

到了二〇〇一年，甚至連標示指定成分的義務也取消了。取而代之的是規定業者有義務以含量多寡順序標示出所有配方的成分。也許有人認為把一切攤在陽光下的做法相當不錯，但這樣一來，業者就算知道將來會出現重大危害，也會把責任推卸到消費者身上：「這是消費者了解並同意之下所購買的產品，一切責任由消費者自行負責。」

再者，所含成分是按照含量多寡順序標示，對於難以分辨產品裡是否添加有害物質的一般消費者來說，洗髮精或潤絲精、護髮產品、化妝品等就像遊走於無法無天地帶的危險商品。由於一般市售商品的安全性並沒有經過長期的驗證，我們必須意識到這一點，自行判斷長期使用某項商品是否安全無虞。

防腐劑會殺死保護頭皮的常在菌

洗髮精對頭皮及髮根的另一項危害，就是殺死頭皮的常在菌（Normal Flora）。

頭皮上棲息著許多常在菌，它們會吃掉皮脂及汗水，並且代謝出酸性物質。如此才能使頭皮維持弱酸性，防止雜菌或黴菌入侵。常在菌可避免頭皮受到病原菌侵襲，使頭皮保持健康、清潔，是我們不可或缺的「護衛隊」及「同志」。

然而，洗髮精卻含有對羥基苯甲酸酯（Parabens）這類強效的防腐劑。早在多年前，我們整形外科醫師便改掉用消毒水消毒傷口的習慣。不過在更早以前，用來消毒傷口的消毒劑如果不蓋上蓋子，放置幾個星期後，馬上就會因為雜菌滲入而變濁。

可是開封後的洗髮精及潤絲精，放了好幾年也不會滋生黴菌或雜菌，更不會腐壞。因為洗髮精添加的對羥基苯甲酸酯類防腐劑的殺菌效果比用來消毒傷口的消毒劑還要強。

可想而知，洗髮精所含的強效防腐劑，當然會使頭皮上的常在菌衰弱死亡。僥倖殘存的常在菌雖然會立刻增殖覆蓋整個頭皮，但是每天一再被殺，常在菌最終仍免不了消滅殆盡。

平常受到常在菌保護的頭皮，由於常在菌慘遭滅絕，也會開始感染少見的馬拉色菌（Malassezia）及其他各種雜菌。馬拉色菌是脂漏性皮膚炎的致病原因菌，當頭皮罹患脂漏性皮膚炎，患處的毛孔及皮膚就會因為受損而阻礙髮絲的成長。

會損害頭髮的洗髮精

前面提到了洗髮精會使相當於「土壤」、可孕育髮絲的頭皮及髮根受損；但實際上不僅如此，洗髮精也會損害頭皮長出來的髮絲。

生長自頭皮的髮絲是由死細胞（角化細胞）構成，主要成分是「角蛋白質（Keratin）」。一般來說，每一根髮絲都有三層結構，最外側的是「表皮層（Cuticle）」。由堅硬透明的鱗狀細胞重疊而成，可抑制污垢等外界異物入侵，並防止髮絲內部的水分蒸發。至於髮絲內部的組織則有「皮質層（Cortex）」與「髓質層（Medulla）」。

由皮脂腺分泌出來的皮脂，會從根部至髮梢覆蓋每一根髮絲。正因為皮脂覆蓋在髮絲上，才不會使髮絲因摩擦而糾纏在一起。

但是洗髮精的界面活性劑具有超強的洗淨能力，會把寶貴的皮脂洗得一乾二淨。失去皮脂這道天然防護的表皮層，就會因為乾燥而外翻，導致內部的皮質層與髓質層跟著受損。

也許有人心想，「只要抹上潤絲精或護髮霜就能解決問題了」。潤絲精或護髮霜確實可以黏合鱗狀皮質層因受損而外翻的空隙，並且在髮絲上形成保護膜，使髮絲潤澤滑順。但是它的效果沒有皮脂那麼好。

皮脂是由多種脂質所構成，包括油酸等脂肪酸，以及三酸甘油脂、鯊烯（Squalene）、膽固醇、蠟質等成分。雖然稱作「皮脂」，但實際上是用來保護髮絲的，所以應該稱為「髮脂」較恰當。油脂接觸到空氣會氧化，不過形成皮脂的各項脂質成分氧化的時間並不一致。有的脂質從頭皮分泌出來時隨即氧化，有的經過長時間也不會氧化，依然留在頭皮上。

由於氧化物及過氧化物會溶於水中，因此用清水洗髮時，脂質便會按照容易氧化的順序開始脫落。感覺就像火箭發射升空，隨後一節節脫落一樣。

同樣的，最後殘留在髮絲上繼續保護髮梢的，便是皮脂脂質成分中最堅硬也不容易溶於水的蠟質。一般認為，蠟質有可能附著在髮絲表面長達一、兩年，持續保護髮梢。

光用清水就能沖掉氧化的油脂，因此頭皮不會受到氧化物的傷害。由此可知，想要保持頭髮健康，根本不需要使用洗髮精。

總而言之，**隨著時間經過，皮脂就會轉變為保護髮絲的脂質成分**。這項機制十分完善，潤絲精或護髮霜根本無法複製。可是我們卻特地用洗髮精去除寶貴的皮脂，還執意把效果比皮脂差的潤絲精或護髮霜抹在頭上，到底是為了什麼？

化學物質會侵入十萬個毛囊！

從另一個角度來看，如果洗髮精的危害僅限於造成頭髮稀疏或禿頭等現象，問題還沒有那麼嚴重。可是洗髮精隱藏的棘手弊害卻令人毛骨悚然。因為洗髮精含有許多可能侵蝕全身健康的化學物質。

我曾經數過某知名廠牌洗髮精包裝上標示的成分，共計三十六種。頭皮約有十萬個毛孔，而這些毛孔比身體其他部位的毛孔還要大，屬於特大號。我們每次洗髮時就把這些物質全部抹在頭皮上，並由大約十萬個特大號毛孔一次吸收。想到這一點就忍不住起雞皮疙瘩。

你敢嚐嚐看含有三十六種來路不明物質的洗髮精嗎？肯定會覺得噁心吧？連自己都不敢嚐的東西怎麼可以抹在皮膚上？不對，就算敢試吃看看它的味道，其中仍然含有許多不適用於皮膚的成分。

理由是吃進嘴裡的東西，可透過唾液或胃液將有害物質一層層往下送，但皮膚屬於排泄器官，並不具備這種自淨作用。最好的例子便是山藥，吃下去無妨，但是磨成泥後塗在皮膚上，不少人就會引發過敏。

因此，擦在皮膚上的東西，必須比吃進肚子裡的更加小心。

皮膚可說是含有大量毛孔及汗孔（汗管排出汗水的出口）的器官。這些孔洞可直接吸收各種成分。

利用這項特性的，便是消炎鎮痛貼布或者含類固醇貼布這類貼在皮膚上的藥物。只要貼在皮膚上，貼布上所含的藥物成分就會順著毛孔徐徐滲入皮膚，並隨著血液循環全身，藉此發揮藥效（當然，皮膚本身的防護機制，不會讓異物輕易入侵。因此貼布裡會添加破壞屏障功能的「經皮吸收促進劑」）。

由於洗髮精的主要成分是界面活性劑，會立刻破壞皮膚的屏障，並且滲入皮膚。換句話說，就像毛孔吸收消炎鎮痛劑或類固醇等成分一樣，洗髮精所含的各種化學物質也會趁我們洗髮期間被頭皮的毛孔吸收，沒有沖乾淨的洗髮精化學物質就會在洗髮後經由毛孔吸收進體內。

假設用洗髮精洗一次頭髮的時間是兩分鐘。每天都洗髮的話，一年總計七三〇分鐘，換句話說，頭皮及髮絲泡在洗髮精的時間會超過十二小時。

如此持續了十年（一二〇小時，等於五天）、二十年（二四〇小時，等於十天）、三十年（三六〇小時，等於十五天），就會頭髮稀疏、變禿，甚至生病。因為洗髮精所含的致癌物質會引發癌症，具有荷爾蒙作用的成分也會導致罹患卵巢囊腫或甲狀腺腫、子宮內膜異位症、不孕症等風險。

人體本身擁有排毒的防衛能力，如果將它發揮到極致，多少可以維持身體健康，但這項防衛能力仍有其界限。

皮膚是「排泄器官」

一般人對於洗髮這項行為，除了洗髮精之外，通常會搭配使用潤絲精或護髮產品。而潤絲精或護髮產品當然也含有界面活性劑或防腐劑等各種化學物質。儘管大部分人會仔細沖掉洗髮精，但是對於潤絲精或護髮產品卻是草草沖洗了事，造成的危害反而更甚洗髮精。

具有毛孔的皮膚其實是將汗水及皮脂排出體外的「排泄器官」。這些孔洞是用來將體內的物質排出體外，不是為了把物質從體外吸收進體內。因為它不是為了吸收而存在，所以並沒有像嘴巴或胃那樣擁有自淨作用。

因此，當我們把洗髮精或潤絲精、護髮產品抹在用來排泄的毛孔及汗孔，無疑是以灌腸的方式從屁股攝取食物，而不是由嘴巴。

即便如此，你依然要在洗髮時，將洗髮精抹上頭皮這塊皮膚嗎？

不要被「無矽靈」所騙

現在十分流行「無矽靈（Non-Silicone）」洗髮精。前往大型藥妝店，即可看到醒目的「無矽靈」字樣，以及堆積如山的無矽靈洗髮精。

「矽靈（Silicon）」是以「矽（Si）」這種礦物為原料形成的化合物，就適用於皮膚的油脂來說，我認為它的危害比凡士林更少，算是較安全的物質。一般來說，在洗髮精添加矽靈，可讓糾纏的頭髮柔順得可用手指梳理。

目前坊間都把矽靈當成洪水猛獸，將這種洗髮精塑造成比無矽靈更可怕的產品，令人對它的安全性存疑。然而，我們不可隨之起舞。因為就算排除了較安全的矽靈，洗髮精依舊含有界面活性劑或對羥基苯甲酸酯這類有害的化學物質。

不過，矽靈雖然較安全，但長期使用仍然會對皮膚或健康造成傷害。

矽靈可用來治療蟹足腫（Keloid）。「蟹足腫」指的是由於外傷、燒燙傷、手術等因素形成深度或者深度淺但範圍較大的傷口時，皮膚便會增生膠原蛋白以填補傷口，當膠原蛋白過度分泌，患處皮膚就會紅腫，並且逐漸變大，形成疤痕。這就是所謂的「蟹足腫」。

在蟹足腫或肥厚性疤痕（會隆起增厚的傷痕）上貼矽膠貼片、或者塗抹矽膠藥膏，可抑制與時俱增的膠原蛋白。

但是對健康的皮膚來說，矽靈的作用卻十分麻煩。位於皮膚真皮層的膠原蛋白，是支撐整個皮膚彈性的重要纖維。若是因為矽靈而導致膠原蛋白減少，皮膚就會失去彈性而變得鬆垮，並產生皺紋。

從這一點來看，無矽靈洗髮精也許不會傷害頭皮。不過，我要再次強調，**就算洗髮精沒有添加矽靈，它依舊混合了多種有害物質**。因此，不論洗髮精是否含有矽靈，為了我們的頭髮、皮膚及全身健康著想，建議各位儘早停用洗髮精。

MEMO

矽靈（Silicon）是以「矽（Si）」這種礦物為原料形成的化合物。

不要被「嬰兒用」所騙

市面上也有販售「嬰兒用」的洗髮精。

一看到「嬰兒用」的字樣，或許會認為這項產品不會傷害皮膚吧？但是沒有任何證據顯示嬰兒用的洗髮精不會傷害皮膚。從醫學常識來說，就算是嬰兒用的洗髮精，裡頭照樣添加界面活性劑或防腐劑；不管是嬰兒用或成人用，它所含的毒性幾乎不變。

我們卻讓嬰兒用這種洗髮精，簡直匪夷所思。嬰兒的頭髮及頭皮，不會髒到需要用含有界面活性劑的洗髮精才洗得掉，只要用熱水清洗就能沖乾淨。

依照我的看法，我會建議成人不要使用洗髮精以免損害健康；如果實在不行，我希望至少不要讓嬰兒使用洗髮精。猶如剛搗好的年糕一樣軟嫩的新生兒肌膚自不用說，即便是嬰幼兒的皮膚，屏障功能也還沒發育完全，吸收到的界面活性劑會比成人更多。

BABY
SHAMPOO
嬰兒用洗髮精
一樣含有
界面活性劑

頭髮飄逸其實是因為頭髮乾枯毛躁

不知從哪時候開始，人們覺得擁有一頭柔順飄逸的頭髮非常美。大概是從昭和四十年代（譯註：一九六五年～一九七四年）起，電視大量播放洗髮精廣告的關係吧。從此以後，現代人的洗髮精使用率幾乎可說是一〇〇％。

一頭宛如「烏鴉濡羽色」的秀髮，便是從前身為美女的條件之一。烏鴉濡溼的羽翼，色澤光潤，雖是漆黑，卻會隨光線隱約透著紫綠。日本人認為這樣的頭髮最美。為了強調這份美，人們便會在梳子上沾點椿油之類的油脂來梳理頭髮。

如果按照日本自古以來追求黑髮之美的標準，最好不要使用洗髮精，才能擁有一頭散發「烏鴉濡羽色」般自然潤澤的美麗秀髮。因為皮脂所含的蠟質會徹底覆在每一根髮絲上。只要不用洗髮精，根本不需要在頭髮上塗抹油脂。

當皮脂包覆髮絲，表皮層的「鱗狀」組織自然不會脫落，而是「井然有序」地緊密貼合。如此一來，髮絲便能完美地反射陽光，顯得耀眼光亮。

皮脂也有聚攏髮絲的功用，因此，不必用油脂或定型產品，也能使頭髮服服貼貼，不會因為微風輕拂便使頭髮散亂。

另一方面，近年來對於頭髮的審美標準則是柔順飄逸。然而，這是因為**洗去過多皮脂，造成頭髮乾枯毛躁的狀態**。由於表皮層四下脫落，只好抹上護髮霜這類糨糊加以掩飾，藉此避免髮絲乾硬，營造出光潤的視覺效果。

失去皮脂這項「定型物」的髮絲，彼此之間再也不會聚攏，當微風輕拂，就會飄散開來。

以上就是隨風飄逸秀髮的真相。如果人類是活在大自然環境中的野生動物，身上蓬鬆乾枯的毛髮便無法抵禦風霜雨露，最終走向滅亡一途。

現代人之所以認為蓬鬆飄逸的頭髮很美，我覺得是因為一再看到大量播放的洗髮精廣告，使人們深受洗腦而信以為真。

MEMO

柔順飄逸其實是因為
頭髮乾枯毛躁！？

人體是奇蹟的綜合體

因為電視廣告介紹、因為醫生在雜誌上推薦、因為經過政府機構驗證……。人們往往因為上述理由而對產品的安全性深信不疑。但是，前面談到指定成分時也提到過，日本對於產品安全性的把關並不嚴謹。

人類至今仍然無法完全理解生命的起源及演化等基本問題，生命的奧秘絕大多數懸而未決。不僅如此，當我們運用科學知識解開一道問題後，接著又冒出難上好幾倍的新問題。

我們甚至很難清楚說明一個細胞的生命活動機制。可是我們卻以貧瘠的知識判斷某項成分有益身體健康、不會損害皮膚及頭髮，實在是危險至極。

目前坊間充斥各種有關護髮、健康術及美容法方面的資訊。我們該如何用自己的頭腦思考與判斷，才能避免淹沒在這道資訊洪流裡、遭受矇騙而不自知？何謂人體？何謂生物？何謂生命？我想，重點即在於以上述觀點回歸問題的本質吧。如此一來，自然能找出大部分問題的答案。

舉例來說，我們可以從「人體是奇蹟的綜合體」這一點來思考。

人體當中，就連細如針尖的一小塊部分，或者一根頭髮，都存在著許多有生命的細胞。這些活躍於體內的細胞，每天即不斷上演誕生新細胞與汰換舊細胞的生命現象。即便是一個渺小的細胞，那堪稱奇蹟的生命現象及生命活動也是由巧妙精緻的均衡結構所組成。

頭皮當然也是一項奇蹟。**它會自行產生「獨家保溼因子」保持滋潤**，其傲人的強大保溼效果甚至是人工製造的保溼乳液所望塵莫及的。

頭皮與髮絲只要以自然界最平凡的清水洗滌，就能把氧化的皮脂污垢或異味清得一乾二淨。最令人感動的是，不必特意使用人工的洗髮精洗髮，也能維持清潔，使人保持神清氣爽。

人體是奇蹟的綜合體，造得近乎完美，隨意添加反而破壞了這分完美……。只要具備這基本觀念，自然會引導出正確答案：「最好不要把洗髮精、潤絲精或護髮、慕斯等產品隨便往頭髮或頭皮上抹。」

人也是一種動物，基本上與其他動物沒有兩樣。這項觀點也能在自行判斷時派上用場。

野生動物自然不可能用肥皂洗澡，牠們只用清水；應該說，正因為只用清水，才能保持一身美麗潤澤的毛髮。這樣一來，便可以聯想到：「只用清水洗滌應該不會有什麼問題吧？」接著思考：「是不是只用清水才不會傷害毛髮？」

不只是野生動物，不妨看看日常生活中常見的狗。牠們若是天天用洗髮精洗澡，肯定會得皮膚病。

狗身上的毛髮與人類頭上的髮絲基本上是一樣的，但是牠們的毛孔比人類還密集，所以比人類更容易受到洗髮精的傷害。如果每天用洗髮精洗澡的狗會得皮膚病，每天也用洗髮精洗髮的人類，當然也會損害頭皮。

還有一點，對任何事情都不要太貪心。過度貪心只會惹來麻煩。對於護髮的態度如果也像貪婪的資本主義一樣「不知節制」，總有一天會自食惡果。

由於貪婪無厭，買了各種護髮產品往頭上抹，即導致頭皮受損、頭髮稀疏單薄。

隨著年歲增長，頭髮也會因為老化而逐漸變少。由於這是大自然的規律，因此不必貪婪地想要增加頭髮，只要盡力維持現有的狀態就好。假設目前的髮量經過二十年幾乎沒有減少，即表示護髮十分成功。

我停用洗髮精，也不用潤絲精或護髮產品，甚至不用慕斯定型；三年過後，覺得自己的頭髮確實變多了。因為我從來沒有想要增加髮量，所以這算是「無心插柳柳成蔭」。

在此之前，或許是因為幾十年來都用了洗髮精或潤絲精、慕斯這類產品傷害頭皮所致，才會年紀輕輕便出現禿頭的情形。當我停用所有會損害頭皮的產品、只用清水洗髮後，經過三年左右終於使頭皮恢復健康。之所以感覺自己的髮量增加，我想是因為回復了實際年齡應有的狀態吧。

總而言之，這段體驗讓我驚訝於皮膚的再生能力，人體果真是奇蹟的綜合體。想要讓這份奇蹟在人體上發揮到極致的話，最有效的方法便是杜絕一切不利的行為。除此之外，也沒有更好的方式了。

拒絕洗髮精、潤絲精、慕斯……。換句話說，只用清水洗髮便是上上之策。就像野生動物所做的一樣。

PART 3

實踐清水洗髮恢復健康秀髮

擺脫洗髮精的六大好處

如第2章所提到的，洗髮精是導致頭髮稀疏及禿頭的一大因素，完全是「百害而無一利」。

也就是說，只要停用洗髮精改以清水洗髮，就能消除「百害」。當百害消失，即可預防或減緩頭髮稀疏及禿頭的情形，有時候甚至因而增加髮量。接下來讓我們一起思考停用洗髮精所換來的「百益」，同時複習第2章的內容。

①縮小皮脂腺，使頭髮獲得充分營養

關於洗髮精的問題，我個人感受最深的是造成皮脂腺過度發達而肥大。當洗髮精把皮膚表面的皮脂連根清除時，身體就會分泌大量皮脂補充不足的部分。如果又立刻把它洗掉，皮脂腺就得分泌更多皮脂，使得皮脂腺愈來愈發達。原本應該供應髮絲的養分，幾乎全被肥大的皮脂腺所吸收，髮絲因而營養不良，長得像汗毛般纖細。

只要停用洗髮精，就不會把皮脂連根清除掉。頭皮一旦擺脫皮脂不足的狀態，便能逐漸減少皮脂的分泌量，使皮脂腺縮小。當**皮脂腺變小，過去被皮脂腺奪走的養分也能順利輸往髮絲，使髮絲成長茁壯，愈來愈強韌。**

②使生髮之源的「髮根幹細胞」維持活力

洗髮精所含的大量防腐劑與界面活性劑會帶來細胞毒性，滲入頭皮及毛孔之後，就會直接傷害正常運作的髮根幹細胞。請參照41頁的圖示，髮根幹細胞就像髮絲的種子，它會促使毛母細胞成長，讓毛母細胞發揮作用，是生長髮絲的重要角色。由於髮根幹細胞在毛孔的位置相當淺，因此很容易受到洗髮精或潤絲精等產品所含的細胞毒性傷害。

界面活性劑的細胞毒性會從皮膚表面直接損害髮根幹細胞，減弱細胞的功能。當生成髮絲的「原動力」降低，髮絲當然很難茁壯成長。

只要停用洗髮精，即可讓髮根幹細胞免於遭受界面活性劑細胞毒性的危害，**並使髮根幹細胞恢復原有的機能，幫助毛母細胞發揮作用。髮絲自然能長得健康強韌。**

③頭皮增厚，使髮絲深深扎根且富有彈性

界面活性劑強大洗淨能力所造成的危害，除了使皮脂腺發達之外，另一項則是破壞表皮的屏障功能，造成頭皮乾枯以及皮膚的細胞停止分裂。若是頭皮乾燥的情況嚴重，表皮最下層的基底層新陳代謝也會中止，不再產生新的細胞，導致細胞的數量不足，使頭皮愈來愈薄。當頭皮變薄，髮絲就無法深深扎根，好不容易長出來的髮絲也難以長得茁壯，顯得纖細脆弱、容易掉落。

只要停用洗髮精，即可**維持表皮的屏障功能，使頭皮逐漸恢復滋潤**，同時**促進基底層的新陳代謝，讓頭皮柔軟膨厚**。如此一來，**髮絲不但能深深扎根，也能長得強健濃密**。

④常在菌增加，保持頭皮「健康&清潔」

洗髮精會添加對羥基苯甲酸酯這類殺菌力極強的防腐劑。防腐劑則會殺死頭皮上的常在菌。布滿整個頭皮的常在菌，具有防止其他細菌或黴菌入侵的重要作用。因此，常在菌的數量一旦減少，平時不會入侵的馬拉色菌等病原性的黴菌或雜菌都會開始侵襲頭皮，引起脂漏性皮膚炎等皮膚發炎症狀。當發紅、發癢、頭皮屑變多等症狀持續惡化，就會阻礙髮絲的生長。

只要**停用洗髮精，常在菌就不會被殺死，頭皮也能保持健康清潔的狀態，營造出有益髮絲生長的良好環境**。

洗髮精對人體有害，已是經過醫學驗證的不爭事實。如果想延緩禿頭的進展，最大前提便是不再使用洗髮精。不停用洗髮精的話，就算養髮液的效用驚人，長期下來也會使效果大打折扣。

相反的，不使用洗髮精的話……，不，只要停止使用，皮脂腺、髮根幹細胞、頭皮、所有毛孔以及常在菌都能恢復原有的健康狀態，也就是回到當事者應有的最佳狀態，此時長出來的髮絲也會比使用洗髮精時更強健茁壯。

⑤使皮脂留在髮絲上，具有「定型效果」

擺脫洗髮精不僅能預防頭髮稀疏，也能帶來意想不到的驚喜。那就是頭髮本身恢復了「定型能力」。這是因為停用洗髮精，使髮絲變得強韌有彈性；另一項因素則是前面所提到的，**用清水洗髮不會像洗髮精一樣把皮脂連根清除，反而會在髮絲上留下適量的皮脂，形成「天然的定型物」**，並在髮絲上發揮作用。

⑥頭髮不再黏膩及飄出異味

當我還在使用洗髮精時，到了傍晚，頭髮就變得十分黏膩，還會飄出異味。但是改用清水洗髮後不久，黏膩感以及異味全都消除了。之所以會有如此驚人的變化，便是因為**皮脂腺縮小，減少了皮脂分泌量**。由於皮脂氧化所形成的過氧化脂質銳減，**自然排除了引發異味的因素**。

除了頭髮受惠以外，還有兩大好處

① 使眼白清澈

停用洗髮精後，不只頭髮會變健康，也能改善眼睛的狀況。

若是問到只用清水洗髮到底有什麼好處？不少人會開心的回答：「再也不會被洗髮精刺激到眼睛了！」因為洗髮精滲入眼睛會很痛。

當洗髮精滲入眼睛，眼白會充血發紅。這種狀況持續一段時間，眼白的毛細血管就會擴張，出現血絲。一再反覆這種情形的話，不但會引發慢性發炎，也會增加膠原蛋白，導致眼白充血變得黃濁，甚至引起乾眼症。

由於眼淚會沖掉異物，就算洗髮精滲入眼睛裡，當下的疼痛及不適感覺也很快會消失，但是**洗髮精所含的界面活性劑等化學物質**，即便僅是少量，日積月累一再侵入眼睛的話，自然**會對眼睛造成傷害**。

清澈的眼白代表著清潔感與青春活力。為了眼睛的健康及美麗，如果還是堅持使用洗髮精，這項決定實在有欠明智。

②可使肌膚恢復健康

停用洗髮精後，不僅頭髮受惠，肌膚也會變得健康美麗。身為整形外科醫師，我始終建議人們「不要隨意塗抹任何東西」，這也是我實際應用在治療燒燙傷的宇津木流護膚美容法。除了重點化妝以外，其他化妝品包括粉底、面霜、化妝水、乳液等一律不使用。唯一的護膚方式就是每天早晚用清水洗臉。

詳細情形就此略過，有興趣者可參照拙作《肌斷食：立即丟掉你的保養品及化妝品，99％的肌膚煩惱都能改善！》。由於化妝品裡含有界面活性劑或防腐劑，以及各種號稱保溼成分、有效成分等大量化學物質，這些物質會使肌膚乾燥，並且消滅常在菌，造成新陳代謝銳減，同時引起發炎症狀，導致皮膚不健康，加速肌膚老化。

因此，當病患為了肌膚美容問題前來我的診所就醫，我會請他們盡量不要用化妝品保養肌膚。於是，在一個月一次的診療中，用顯微鏡觀察病患的肌膚時，會發現情況慢慢改善，不但肌膚紋理平整，膚色也變得白晰均勻，皮膚乾燥的情形也獲得好轉，肌膚顯得豐盈有彈性。

這種變化是一點一滴的，有時候需要幾個月，有時候則需好幾年才能改善。不過，有時候也會遇到病患的肌膚狀況急轉直上迅速恢復。大部分都是因為停用洗髮精、改用清水洗髮的緣故。

第2章提到了洗髮精與潤絲精所含的化學物質及其危害。界面活性劑會破壞頭皮的屏障功能，導致頭皮乾燥；搭配使用的化學物質也具有消滅皮膚細胞的細胞毒性。除此之外，甚至含有環境荷爾蒙（Endocrine Disrupting Chemicals，又稱內分泌干擾素）作用的物質。每一次洗髮，這些少量的物質一點一滴流到臉上的話，自然會影響到肌膚及人體健康。

殺傷力比洗髮精更強的是潤絲精。大多數人都認為把潤絲精所含的有效成分（應該是有害成分才對）洗掉很可惜，所以只簡單沖一沖而已。由於被潤絲精化學物質所覆蓋的頭髮一整天持續接觸臉部，結果可想而知，當然會引起肌膚發炎。

只要停用洗髮精與潤絲精，再也不會接觸到其中所含的各種化學物質。因此，不難理解為什麼有的病患只不過停用洗髮精，即可大幅改善肌膚狀況。

相反的，有少數病患雖然停用化妝品，臉上依舊出現刺痛、發紅、粗糙等情況。當我請這些病患停用洗髮精，不少人即因此擺脫惱人的肌膚問題。

如果耳後及頸窩、臉部髮際線等部位出現刺痛發癢、發紅等情形，最大的「嫌疑犯」極有可能是洗髮精或潤絲精。

由此可知，**用洗髮精洗髮這項行為不但會造成頭髮稀疏，更是讓肌膚粗糙的元兇**。為了肌膚健康著想，不只是女性，男性也應該開始試著用清水洗髮。

尤其是肌膚乾燥、敏感或有過敏體質的人，請儘快停止使用洗髮精。皮膚過敏會使屏障功能銳減，就算洗髮精在洗髮過程中只起了少量泡沫，其中的成分仍會滲入皮膚，引起發炎症狀。因此，有過敏體質的人請立刻洽詢主治醫師，不要浪費一分一秒，儘早停用洗髮精，改用清水洗髮。

輕鬆克服「五大煩惱」

①遠離「不乾淨」

大部分人儘管明白停用洗髮精對頭髮及頭皮的好處甚多，但是不免擔心只用清水是不是很難清除污垢？會不會洗不乾淨？

如我前面一再強調的，只用清水洗髮確實可減少皮脂的分泌量，幫助頭皮及髮絲保持清潔。

實際用顯微鏡觀察只用清水洗髮者的頭皮時，會發現他們的頭皮十分乾淨。可見**清水能夠洗淨皮脂及污垢**。

人體排出來的物質全都可以用清水洗淨，沒有洗不掉的。包括汗水、皮脂、血液以及大便、小便，全部都能用水沖乾淨。因此，**只要用清水，頭髮與身體即可保持清潔。**

②消除惱人的異味

異味也是一樣。異味的來源是皮脂氧化所形成的脂肪酸與過氧化脂質、氨、硫化物等成分，清水即可沖掉這些會形成異味的物質。在停用洗髮精的初步階段，因為皮脂分泌量仍不少，頭髮還會有黏膩感，尤其是頭髮較長的人，難免會在意飄散出來的異味。不過，停用洗髮精四到五個月後，由於皮脂量減少、皮脂腺也跟著縮小的關係，再也不必擔心飄出異味了。當然，有不少人所花的時間比上述期間更短。總而言之，當我待在實際停用洗髮精的人身邊時，從來沒有在他們身上聞到令人皺眉的味道。

不過，湊近到距離二十～三十公分處嗅聞頭部的味道時，因為頭皮剛分泌出皮脂，所以會聞到皮脂本身散發出來的淡味。這絕對不是令人難忍的異味，我們應該把它和氧化的有害油脂所形成的臭味區隔開來，因為人不可能完全沒有體臭。

如果連這股微弱的味道都要想辦法去除，我只能說這是一種錯誤的病態想法。

除了皮脂與汗水之外，髮絲及頭皮上面也會沾到花粉或灰塵等水溶性的污垢，以及油炸食物的油煙或廢氣等油溶性髒污。**水溶性污垢自然可用清水沖掉，至於油溶性髒污，只要稍微提高水溫，也幾乎可以沖洗乾淨。**因為絕大多數都能洗掉，當然沒什麼問題。

然而，洗髮精所含的毒性卻會從頭皮的十萬個特大號毛孔滲入體內，就算能用洗髮精將污垢洗得一乾二淨，也毫無意義可言。不但沒有意義，還會增加皮脂分泌量以及殺死常在菌，反而讓頭皮及髮絲變得不乾淨，散發出強烈的異味。

③只有初期才會黏膩

擺脫洗髮精的過程中，最大瓶頸便是初期必經的「黏膩感」。由於多年來都用洗髮精洗淨皮脂，使皮脂腺愈來愈發達，不時分泌出大量皮脂，或許因為這個緣故，才會使頭髮一到傍晚就變得黏膩。

但只要忍耐一段時間，持續用清水洗髮，頭皮便只會留下適度皮脂，皮脂腺也會因為不需要分泌大量皮脂而逐漸縮小，再也不會產生多到讓頭髮發黏的皮脂了。這一天終究會到來，希望各位能保持信心持之以恆。

根據我診療病患頭皮的經驗來看，**開始用清水洗髮三個星期左右，皮脂的分泌量就會慢慢減少**。儘管各人情況不一，不過大約四到五個月後，便會因為皮脂腺大幅縮小而不再感覺黏膩。

④不再發癢

剛開始擺脫洗髮精時，不少人有一段時間會覺得頭皮發癢，其中的原因也和黏膩感及異味一樣。也就是長年使用洗髮精的關係，使皮脂腺變得發達，因此需要耐心等它縮小；頭皮在這段過渡時期就會分泌出許多皮脂。

接觸到空氣的皮脂會氧化成過氧化脂質。頭皮若是分泌出大量皮脂，過氧化脂質的量也相當驚人；當這些過氧化脂質刺激到頭皮，就會使頭皮發炎。出現發癢的情況，便是受到刺激及發炎所引起的。

持續用清水洗髮，會使皮脂腺慢慢縮小，發癢的情況也會跟著改善。根據我診療病患的經驗來看，大多數人不到一個月即可解決發癢的困擾。

然而，如果發癢的情形持續一個月以上也不見好轉，或者頭皮到處發紅、大塊頭皮屑變多、並且出現刺痛刺癢等症狀時，很有可能是馬拉色菌所造成的脂漏性皮膚炎，若是症狀未見改善，請務必前往皮膚科治療。

⑤頭皮屑減至「適量」

表皮細胞位於皮膚表面的表皮層，每隔二十八天就會汰換一次。位於皮膚表面最上層的是角質細胞，且是死掉的表皮細胞，也就是角化的細胞，可避免皮膚受到外界的刺激。現有的角質細胞會在二～五天後自然脫落，汰換成新的角質細胞。

老化脫落的角質細胞，在身體上叫做體垢，在頭皮上則叫做頭皮屑。因此，正常的頭皮多少都會有頭皮屑。但是有的人會因為使用過多洗髮精而產生大量頭皮屑。

當洗髮精滲入毛孔及頭皮時，為了解毒及排毒，頭皮會出現發炎症狀。因為頭皮想要用新的細胞汰換掉發炎的部分，所以會加速細胞分裂，不斷把新誕生的細胞送往發炎的部位，同時將受損的老舊細胞接連推出皮膚表面，才會產生許多老舊的死細胞所形成的頭皮屑。

麻煩的是，有的人因為過度使用洗髮精，反而幾乎沒有頭皮屑。洗髮精使用過多造成頭皮極度乾燥時，會使皮膚的細胞分裂銳減，幾乎無法產生新的細胞。由於製造頭皮屑的角質細胞「材料」數量減少，所以頭皮上也幾乎沒有頭皮屑。

如果表皮死細胞形成的角質細胞是正常的，即可成長為保溼效果極佳的角質細胞。但是洗髮精使用過多導致頭皮乾枯時，尚未角化完全的細胞就會在不成熟狀態下被推至頭皮表面。由於細胞未成熟，即便壽命結束，也無法形成乾燥的頭皮屑順利脫落。在這種情況下，便很難產生頭皮屑。

大部分人都認為頭皮屑多，表示頭皮狀況不佳；頭皮屑少，才是令人安心。不過，**頭皮屑太多或太少，都不算是健康的狀態**。若是能擺脫洗髮精改用清水洗髮，頭皮即可恢復健康，原本頭皮屑量多的人會減少產生，幾乎沒有頭皮屑的人也會稍微增加一些。不管是哪一類型的人，最後他們的頭皮屑都能接近「適量」程度。

此外，健康的頭皮所產生的頭皮屑是細小如粉狀，大小均勻。相反的，不健康的頭皮所產生的頭皮屑會是一大片且大小不均。

MEMO

停用洗髮精五大重點

1・遠離「不乾淨」

2・消除惱人的異味

3・只有初期才會黏膩

4・不再發癢

5・頭皮屑減至「適量」

開始試試看吧！清水洗髮的基本知識

■開始的時機？

想要保持頭皮健康與清潔，並且預防頭髮稀疏，最大關鍵便是擺脫洗髮精。停用洗髮精可讓肌膚變漂亮、眼睛變健康，另外還省下了使用洗髮精與潤絲精的手續及金錢，浴室也清爽許多，不再被洗髮精和潤絲精這類瓶瓶罐罐佔滿。擺脫洗髮精的好處甚多，請各位立刻試試看。

關於開始的時機，如果是在夏天或梅雨季節實行，由於皮脂與汗水會在這段期間增加，可能會有些難受。考慮到異味或黏膩感的問題，避開上述季節再開始也許比較輕鬆。

儘管辛苦，但是一想到洗髮精持續傷害髮根、所含的劇毒不斷侵襲身體，最明智的做法自然是儘早斷除禍根。擇日不如撞日，只要下定決心，任何季節都是最佳時機。

實行的時機原則上是「擇日不如撞日」，不過，利用放長假的時候開始，也是聰明的選擇。在初期階段，人們往往很在意自己黏膩的頭皮與異味。趁著長假躲在家裡，就不必擔心別人異樣的眼光及「嗅覺」了。

斷然停用洗髮精也是一種方式。但是每個人的個性及生活方式、職業都不同，有時候可能會遇到令人尷尬的情況。與其如此，不如循序漸進比較好。

例如在不用工作的週末兩天只用清水洗髮，接著一星期三天、四天……慢慢增加清水洗髮的次數，同時減少洗髮精的使用量，最後便達到停用洗髮精的目的了。

■清洗頻率？

本書一開始為各位介紹了我的恩師，他一個月只在淋浴時用清水洗一次頭髮，最近聽說他又把洗髮的間隔拉長一些。因為長年累月都沒有用洗髮精洗髮，所以他的頭皮幾乎不會產生皮脂，當然也不需用清水清洗。

請容我再次強調，我的老師雖然不常洗髮，但他身上從來沒有散發出異味。

然而，突然效法我恩師的做法，感覺就像沒有登山經驗的人貿然挑戰攻上喜馬拉雅山頂一樣，未免太過魯莽。我們這些多年來每天用洗髮精洗髮的「平凡人」，最好還是從**一天用清水洗一次頭髮**的步調開始才符合實際。

■水溫幾度？

我們的體內溫度（身體內部的溫度）為36～37度，皮膚表面的體表溫度則略低1～2度，為34～35度。以液狀型態分泌出來的皮脂大約是這種溫度，只要**以34～35度的水溫即可洗淨**。不過，清水不會像洗髮精那樣把毛孔裡的皮脂連根清除，還會留下所需的皮脂，可幫助梳理頭髮以及保護髮絲。殘留的部分皮脂接觸空氣會氧化，形成異味來源的氧化物，但這是正常的，只要用34～35度的清水沖洗，便能洗得乾乾淨淨。汗水也不例外。

因此，請各位試著以34～35度的溫水（是清水，而不是加了入浴劑的洗澡水）洗髮。這樣的水溫在夏天固然無妨，但是當季節變換，可能會覺得有些冷。這時可用各人可以接受的適度水溫清洗。有一點請注意，**太熱的水溫會溶解具有保溼重要關鍵的細胞間脂質，反而使髮絲及頭皮變得乾燥。**

■運指方式？

清洗時，要**像輕撫豆腐表面或汗毛一樣用指腹輕觸頭皮**。力道不要太大，也不要用指甲抓。一旦抓傷頭皮，也有可能引起發炎症狀。

如果是短髮，清洗頭皮的過程中也能順便把髮絲的污垢一起沖掉。頭髮長的人，可**利用梳子邊梳邊洗，或按照「手梳」的訣竅，用十根手指從髮根往髮梢梳洗**。

目前市面上有販售洗髮時用來清洗頭皮的矽膠製洗髮梳。它可以清除毛孔的髒污，同時達到按摩的效果，但也有可能使頭皮失去滋潤而受損。因此，指腹依然是清洗頭皮及髮根的最佳工具。

我們經常可以看到這樣的廣告：一方面顯示被皮脂污垢堵住毛孔的頭皮，接著宣稱只要去除皮脂的污垢、使毛孔保持清潔，即可預防頭髮稀疏及掉髮的問題。但這只是迷信，完全沒有科學的根據。從皮膚科的常識來看，去除毛孔裡的皮脂，與預防頭髮稀疏或掉髮幾乎沒有任何關連。

■如何乾燥？

先用毛巾盡量擦乾，可大幅縮短用吹風機吹乾的時間。可以用乾毛巾包住頭髮，輕輕按壓或拍打，讓毛巾吸收頭髮上的水分。髮量多的人不妨多用一條毛巾擦拭兩次。

最近的男性儘管留著短髮，洗完頭後照樣用吹風機吹乾。大概因為吹風機是有生以來即存在的貼身用品，所以「洗完頭要用吹風機吹乾」這道程序已經深植在身體裡了。

我平時幾乎沒有使用吹風機。以清水洗完頭髮後即用毛巾擦拭，讓它自然乾燥。我留著一頭長度約五公分的短髮，就算自然乾燥，也不需要太久時間。

吹風機同樣是損害髮絲及頭皮的因素之一，頭髮長則另當別論，但是頭髮短的話，不論男性或女性，我都認為沒必要使用吹風機。

吹風機最大的問題便是「熱」。由於髮絲上含有「角蛋白」這項蛋白質成分，而蛋白質在60度以上就會變性。

舉例來說，把一張浸溼的和紙鋪在木板上。如果是自然風乾，和紙就會在緊貼木板的狀態下逐漸乾燥。若是把浸溼的和紙鋪在木板上，接著用吹風機吹乾的話，和紙就會因為表面先乾燥而縮起，但是裡面卻需要一段時間才能乾，導致內外乾燥程度不均。於是，和紙的兩側會像烤魷魚一樣往中間翻捲起來，變得凹凸不平。

用吹風機吹乾頭髮也會產生同樣的情況。由於表皮層比內側先乾燥，使得髮絲的表面遭到破壞而外翻，造成髮絲內部的水分蒸發。

總而言之，**劇烈的溫度變化會加重頭皮及髮絲的負擔**。

不過，蓄著一頭長髮的人勢必得使用吹風機。但也因為乾燥的時間拉長，產生了許多問題。

舉個例子，當髮絲長時間接觸水分，就會飽含水分而膨脹，這種狀態即稱為「膨潤」。膨潤的髮絲會受到一點刺激而損傷斷裂。此外，長期處在潮濕狀態的頭皮，也很容易沾染雜菌。

更重要的一點是容易著涼。我妻子也說，在冬天等髮絲自然乾燥，感冒就會入侵頭皮。但實際上，我認為「感冒入侵頭皮」的說法只是一種迷信。因為膨潤，所以沾染雜菌，導致感冒病毒入侵頭皮。因此，為了頭髮及頭皮著想，洗完髮後最好不要讓它自然乾燥，而是立刻用吹風機吹乾，這樣對身體也比較好。這麼說確實有道理。

既然要使用吹風機，就應該知道如何將損害降至最低。首先抓起一束頭髮，將吹風機由下往上吹，可以先吹乾不容易乾燥的髮根。

接著交替使用溫風及冷風，不要集中吹乾某處，並且將吹風機與頭髮保持約十五公分的距離。除此之外，最基本的原則是**當頭皮肌膚完全乾燥、髮**

稍還略溼的狀態時就要停下吹風機。大致來說，短髮在一分鐘之內、長髮也要在五分鐘之內關掉吹風機。

頭髮完全乾了之後，請不要使用任何定型產品，或者滋養頭皮的香氛、乳液等護髮產品。因為其中所含的界面活性劑等各種化學物質，會從特大號的十萬個毛孔滲進去損害細胞，造成頭皮乾燥變薄，最後便如前面一再提到的，只會加速頭髮稀疏及禿頭的進展。

■清水洗髮進階步驟：挑戰五天洗一次

每天嚴格實行以清水洗髮，過了大約三個星期，皮脂的分泌量就會開始減少，過了四～五個月後，皮脂腺會大幅縮小，皮脂的分泌量也會減至「全盛時期」的一半左右。如此一來，即可揮別黏膩感與異味。最重要的是頭皮和毛孔回復健康狀態，自己也能從這段時期慢慢感受到頭髮變得強韌有彈性。

即便只用清水洗髮，但過程中變來變去，一下子花很長時間仔細清洗、一下子用熱水清洗、或者有時候改用肥皂清洗的話，也許很難在這段期間內感覺到明顯的改變。

總而言之，發覺頭髮變得強韌有彈性之後，還想挑戰的人不妨把目標設得更「高遠」。也就是逐步拉長每天以清水洗髮的間隔時間。

首先，把每天洗髮改成二天洗一次。接著嘗試二～三天洗一次，習慣之後，再延長到四～五天洗一次。雖然只以清水洗髮，一樣能洗掉大部分的皮脂。當清水洗髮的次數進展到四～五天洗一次時，由於需去除的皮脂愈來愈少，髮根獲得了足夠的營養，更能實際感受到髮絲變得強韌有彈性。

不僅如此，當四～五天用清水洗一次頭髮的步調維持一段時間後，不但皮脂量減少，間隔的期間也不會產生異味及黏膩感，這一點的確令人有些感動。

不過，決定停用洗髮精後，立即挑戰四～五天只用清水洗一次頭髮的貿然行為十分危險。當皮脂仍在大量分泌期間，必須每天把氧化的皮脂沖洗一次。否則積存的大量皮脂氧化成過氧化脂質後，不僅會刺激頭皮，也會引發脂漏性皮膚炎，使頭皮屑如雪片般飄落。

改用清水洗髮不可操之過急。若是能在反覆嘗試的過程中，完全擺脫洗髮精、改用清水洗髮，即可獲得許多意想不到的好處。其中一個便是髮絲變得強韌有彈性，而健康的頭髮當然可避免頭髮稀疏的困擾。

如何解決清水洗髮的煩惱

■十分在意頭髮黏膩

好不容易下定決心改用清水洗髮，但剛開始都會經歷過一段頭髮黏膩、產生異味、頭皮發癢的時期。遺憾的是，有些人便因為無法忍受而回復使用洗髮精。不過，如果知道一些訣竅，即可熬過這段時間。閒話休說，讓我們先來看看如何解決黏膩的問題吧。

剛停用洗髮精時，最令人感到困擾的便是黏膩感。**受不了頭髮黏膩時，請不要立刻用洗髮精，而是用溫熱的清水清洗。**

或者可以一天洗兩次，若實在忍不住，也可以用極少量的洗髮精或純皂洗髮。剛開始不要太過逞強，要求自己「絕對不可以使用洗髮精！」或許比較不會有挫折感。

然而，請務必隨時提醒自己：「洗髮精愈用愈容易分泌大量皮脂，促使皮脂腺肥大。」請努力減少洗髮精的使用量，最重要的是持之以恆。

很想用洗髮精時，請一定要想起一件事：「竟然要把這種連自己也不敢嚐的噁心液體抹在頭上、讓它滲入體內侵蝕頭髮和身體？」

總而言之，持續用洗髮精洗髮的話，永遠無法減少皮脂量，更難以消除黏膩感。想要擺脫黏膩感，唯有停用洗髮精。請牢牢記住這一點。

■實在很想用洗髮精的話，請用「純皂＋檸檬酸」

改用清水洗髮的初期階段，有時候會非常想用洗髮精吧。遇到這種情況時，請不要使用洗髮精，而是用純皂清洗。

洗髮精這類合成清潔劑所含的界面活性劑是由化學物質合成，相形之下，純皂則是由橄欖油或椰子油、棕櫚油等植物性油脂以及牛油等動物性油脂為主，再添加苛性鈉（Caustic Soda，即氫氧化鈉），使其具有界面活性劑的作用。純皂是由自然界的原料製成，光是這一點便與合成的洗髮清潔劑相去甚遠。

純皂的洗淨效果與合成清潔劑同等，甚至更佳。但是它完全不含任何化學物質，因此細胞毒性極少，比合成的洗髮清潔劑更安全。

先用溫水仔細清洗，沖掉頭髮上的污垢。因為少量的純皂也能起足夠的泡沫，所以能把頭髮上的污垢洗乾淨（這一點與使用合成的洗髮清潔劑一樣）。

至於潤絲，可使用藥房等處販售的檸檬酸。檸檬酸是梅乾或檸檬、醋等所含的酸味成分，屬於弱酸性。與小蘇打粉一樣，都是「環保大掃除」的兩大寶物，常用來清理廚房等需要用水的地方以及浴廁。此外，用純皂洗衣物時，最後再加一些檸檬酸，也能使衣物柔軟。因此，檸檬酸也是能當成衣物柔軟精的「環保家事」好幫手。

由於**純皂是鹼性，而洗完髮後的髮絲會呈鹼性，所以使用弱酸性的檸檬酸可達到中和的效果**。

潤絲液的製作方法很簡單，在洗臉盆注滿「溫熱的清水」，接著加入二分之一小匙的檸檬酸後充分攪勻。分量不必太精確，嚐起來有一股微弱的酸味、不會太酸的程度即可。各位不妨記住這個訣竅。

將檸檬酸潤絲液浸溼整個頭髮後，可立即沖掉。因為髮絲接觸到檸檬酸潤絲液即被中和，不需靜置一段時間，僵硬的髮絲會立刻柔順得可用手指梳理。這種潤絲液完全不會有刺鼻的臭味，簡單又好用。

儘管潤絲液的濃度相當薄，但是檸檬酸對肌膚多少有些刺激性，請務必沖乾淨。

■在意頭髮上的異味時

十分在意頭髮上的異味時，留長髮的人不妨把頭髮全部紮成馬尾，或者在髮梢灑一點香水撐過去。

此外，運動過後汗流浹背、去烤肉店吃烤肉、或是在居酒屋倒楣坐在老菸槍旁邊時，也請用清水洗髮。大部分情況下，都可以因此洗去惱人的異味。如果還是很在意，請用熱水洗髮。即便如此，依然在意異味的話，萬不得已也只好用少量的洗髮精了，但最好是用純皂洗髮精。

■梳髮的建議

不論男性或女性，請一定要用梳子梳理頭髮。在意頭髮的黏膩感與異味，或者發癢時，與其立刻求助洗髮精，不如先用梳子梳理。**梳子在預防黏膩感**

與異味、發癢等情況時可發揮極大效果。用梳子梳理時，梳子上的梳齒可以攔住頭髮及頭皮上多餘的皮脂與過氧化脂質。

首先是選擇梳子。盡量選梳齒較密的款式。最好可以選擇獸毛（山豬鬃或豬鬃）製成的梳子，不但可以防靜電，也不會使頭皮受損，還具有增加頭髮光澤這項附加效果。不過這類梳子的價格較高，清理上也有些麻煩。

至於尼龍或塑膠製的梳子，容易產生靜電，也不會增加頭髮的光澤，但是比豬鬃梳便宜，也很容易清理。

如果只是想清除造成異味或黏膩感、發癢等情況的污垢，不論是豬鬃梳或尼龍、塑膠製梳子都可以。請依自己的喜好選擇。

比起梳子，更重要的是梳法。用蠻力梳頭或者梳得飛快，都會損傷頭髮。請溫柔地慢慢梳理。

梳髮的訣竅是不要大力摩擦頭皮，以免產生細粉狀的頭皮屑。想要按摩頭皮時，請用指腹按壓。

一天至少要梳一次頭髮。以清水洗髮之前，原則上需梳理一次。梳髮可以使多餘的皮脂或過氧化物等污垢浮出來，接著用清水洗髮，即可把污垢沖洗掉。

當然，不是只有洗髮之前才要梳，感覺黏膩或有異味時，隨時都可以用梳子梳理。梳完之後，頭皮及心情都會舒暢許多。

如果用髒污的梳子梳髮，頭皮和頭髮也會變髒，因此，請不時用清水沖洗梳子。只要洗過就知道，頭髮上的皮脂或異味，大部分都可以用水洗掉。請準備一般的梳子和梳齒較寬的尼龍梳，每次沖洗梳子時，可將兩把梳子交叉，藉此清除卡在梳子上的頭髮及污垢。

尼龍或塑膠製梳子可用水洗。豬鬃梳用水洗可能會縮短使用壽命，趁早換一把不僅較乾淨，也不會損傷頭髮。清洗時可用溫水或熱水，偶爾用純皂清洗，更能洗淨污垢。

好不容易停用洗髮精，所以請不要用洗髮精清洗梳子。因為合成清潔劑無法沖乾淨，仍會殘留在梳子上。

■在意頭皮屑的話，可使用凡士林

過去使用洗髮精洗髮而幾乎沒有頭皮屑的人，改用清水洗髮後，頭皮屑應該會變多。即使明白這是頭皮恢復健康的徵兆，但心裡仍是很在意。

實在受不了的話，可在洗髮的時候用指腹輕輕按摩頭皮，讓一部分老舊的角質脫落。這樣一來，應該可以消除大部分惱人的頭皮屑。

如果在必須穿著黑色服裝的婚喪喜慶等場合，可在頭皮表面抹一層極薄的白色凡士林，幫助解決尷尬的頭皮屑。首先用指尖沾取少量（約半粒米～一粒米大小）凡士林，在手掌上充分抹開後，接著抹在頭皮上。

凡士林不會滲入皮膚，且具有極難氧化的特徵，需要經過好幾年才會氧化。只用清水洗髮雖然不會洗掉凡士林，但是殘留一些並不會危害人體。過了三～四天，它就會因為皮膚的新陳代謝與污垢一起掉落。

話說回來，我認為唯一可以擦在皮膚上的油脂，就是凡士林。

儘管凡士林較不會傷害皮膚，但也不可以擦太多。皮膚表面稍微乾燥一些，反而有助於老舊的角質細胞脫落。此外，當角質層有一個角質細胞脫落，這項情報會立刻傳給下方的基底層，新的細胞隨即誕生。

如果在頭皮表面塗滿厚厚一層凡士林，會使老舊的角質細胞不容易脫落，導致基底層難以產生新的細胞，頭皮也變得愈來愈薄。

「在這麼重要的場合，絕對不能讓頭皮屑掉在肩膀上！」除非是這種情況，否則請遵守原則，只能擦薄薄一層。不然凡士林還是會造成頭髮稀疏或禿頭。

如果一定用洗髮精洗髮，千萬不可以使用梳齒會刮到頭皮的梳子。健康的頭皮由於新陳代謝良好而增厚，含有角化細胞的角質層也會變厚。如果用梳子去刮頭皮，就會出現細粉狀的頭皮屑。因此，請不要用梳子刮頭皮，而是以輕柔的動作梳理髮絲。

■頭皮屑異常增多時，請至皮膚科就診

只要頭皮健康（應該說，正因為頭皮健康），多少都會有頭皮屑，這是很正常的，我們也不必太過大驚小怪。但是掉落在肩膀上的頭皮屑如果積得像雪堆一樣，很明顯有問題。可能是某種因素導致頭皮出現皮膚炎的症狀。最常見的發炎原因，便是馬拉色菌引起的脂漏性皮膚炎。

脂漏性皮膚炎的成因眾說紛紜，至今還未完全解開謎底。不過大多數認為是受到皮脂氧化的成分所刺激，而馬拉色菌便是造成皮脂氧化的主因。當馬拉色菌的作用造成氧化的脂質大量出現，頭皮受到氧化脂質的刺激而引起

發炎症狀的情形，便是脂漏性皮膚炎。此時，前額髮際或眉毛、鼻翼周遭等皮脂腺發達的部位會發紅，也有些癢；出現粉刺及大量頭皮屑也是這種症狀的特徵。

如果出現上述症狀，請立刻前往皮膚科就診。

馬拉色菌是正常肌膚上也會有的一種黴菌，數量雖然不多，卻是棲息在每個人皮膚上的皮膚常在菌。它們與保護皮膚的其他常在菌和平共處，就算平時在皮膚上活動，這類黴菌也不會一直增加。但是頻頻使用洗髮精或護髮素等護髮產品時，負責保護肌膚的常在好菌就會被其中所含的防腐劑殺死，導致數量銳減，對防腐劑有抵抗力的黴菌因此急速增加。

有些人因為洗髮精使用過度而感染馬拉色菌，但也有人停用洗髮精後，反而感染馬拉色菌。這一點請務必留意。

洗髮精含有對羥基苯甲酸酯這類防腐劑。防腐劑的殺傷力非常強，照理說，它的強大殺菌力除了會殺死常在菌以外，也會消滅馬拉色菌。但是停用洗髮精之後，對於每天抹在頭皮上的防腐劑產生抵抗力的馬拉色菌，因而起死回生。相形之下，原本應該與馬拉色菌抗衡的常在好菌則是消滅殆盡。於是，頭皮成了馬拉色菌的「天下」，因此感染脂漏性皮膚炎。

我在上一本著作《肌斷食：立即丟掉你的保養品及化妝品，99％的肌膚煩惱都能改善！》中詳細說明了化妝品的各種危害，並主張不要用化妝品保養肌膚。

大部分讀者都十分開心自己的肌膚恢復健康，但令人驚訝的是，有一小部分讀者停用化妝品之後，毛孔反而出現白色的小疙瘩，還會牽絲，皮膚也發紅、長粉刺，甚至出現黃色黴菌黏在皮膚上的症狀，使得他們沒辦法停用基礎化妝品。

經過診療後，發現絕大多數病患都感染了脂漏性皮膚炎，根據檢查的結果顯示，主因是馬拉色菌感染症。

化妝品所含的防腐劑雖然會殺死大量常在菌及馬拉色菌，但是停止使用化妝品後，馬拉色菌因而起死回生，常在菌的數量卻沒有回復到原有的數量。就彼此關係來說，由於馬拉色菌佔據優勢地位，因此產生脂漏性皮膚炎的現象。停用洗髮精之後的情況也與上述如出一轍。

總而言之，這種情形需要治療，請立即前往皮膚科就診。

沒有使用任何護膚或護髮產品，肌膚及頭皮卻出現發紅症狀時，絕對稱不上是健康狀態。為避免常在菌損害到難以復原的程度，請儘早停用基礎化妝品或洗髮精。

洗髮以外的注意事項

■按摩頭皮時須保持「輕柔」

聽說最近很流行按摩頭皮。不過，科學並未證實按摩具有明顯的生髮效果。雖然按摩頭皮確實可以透過刺激促進頭皮的血液循環，使髮根獲得足夠的營養，藉此達到髮絲茁壯成長的效果。

但是以按摩方式增加血液循環的效果只是暫時的。因為這種狀態不可能一直持續，所以我對這種短暫效果能否幫助髮根成長存疑。

若是因為按摩過度，造成頭皮刮傷受損，反而弄巧成拙。如果不是用力去抓，而是**以手指輕輕按壓**，**給予溫和的指壓及刺激**，藉此**提高血液循環**的話，這種方式倒是可以試試。

■染髮劑最傷肌膚

最近有不少男性開始染髮。這在過去是無法想像的，但是現在不僅年長男性會把白髮染黑，年輕男性們染一頭褐髮或金髮也成了家常便飯。當然，女性們不分老幼也都染髮，沒有染的人反而是少數派。

可是研究報告指出，染髮劑的成分含有致癌物。儘管可以輕鬆享受時尚樂趣，但是請務必謹記，這種行為會以健康為代價。

染髮劑不僅會致癌，甚至絕大多數人染髮後，頭皮即產生過敏反應。有些人出現的過敏反應可能輕微得連自己也沒發覺，但是過敏會引起頭皮發炎，並使髮根受損，造成掉髮及頭髮稀疏。如果不希望自己的頭髮變少，或者想要延緩頭髮稀疏的情況，那就千萬不要染髮。

染髮不只會損害頭皮與髮根，也會影響肌膚。染髮之後，其影響力將持續兩個月左右。每一次洗髮，染髮劑的成分就會從頭髮掉落，沾在臉部及身體上。

現代人的背部比五十多年前的人還要髒，主要是洗髮精或潤絲精，以及染髮劑不斷沾在身體上的緣故。此外，背部之所以比胸部還髒，便是因為很難把背部的洗髮精洗乾淨的關係。

我妻子以前始終改不了染髮的習慣。每當她染完髮，我立刻用顯微鏡觀察她的肌膚，隨即發現毛孔到處都因為發炎而紅腫，各個角質細胞也都受損外翻，顯微鏡底下的肌膚乾燥得像沙漠一般。

「你要是染頭髮，肌膚就會發炎而老化，不但會長黑斑，也會長皺紋。染髮就像每天在頭皮上注射微量洗髮精一樣，都會影響身體健康。」每次跟她說這些顯而易見的事，我們兩夫妻就會起口角。

染髮所引起的發炎症狀比洗髮精更嚴重，尤其是過敏體質的人，染髮簡直是豈有此理。它只會讓症狀更加惡化。

有花粉症的人，在花粉症發作的時期也不應該染髮。有的人或許沒有注意到，但是當我用顯微鏡觀察病患在花粉症發作時期的肌膚時，發現已產生了發紅的發炎症狀。如果在這種情況下染髮，很明顯的只會讓症狀更嚴重。

儘管如此，還是有不少人在意自己的白髮吧？至於年輕女性，多少也想要追求時尚。既然如此，可採用損害較少的護髮染（Hair Manicure）。此外，有不少人對取自植物的指甲花粉（Henna）染髮劑產生過敏，但它對人體的危害比一般的染髮劑還要小。但即使是指甲花粉製成的染髮劑，大部分也會摻雜其他化學物質，各位在染髮之前務必選擇適合自己的產品。

燙髮當然也會對肌膚造成負面的影響，不過，根據我診療大多數女性的肌膚來看，它的危害似乎比染髮還小。可是燙髮會使髮絲受損而乾硬，也會傷害頭皮，加速頭髮稀疏。因此，為了肌膚著想，更為了頭髮健康著想，最好還是不要燙髮。

■假髮會愈戴愈禿

假髮會愈戴愈禿，理由是頭皮被悶住。所謂悶住，就是因為濕氣多，就像把整個頭長時間浸在水裡一樣，使頭皮吸滿水分而膨脹。

當假髮拿掉時，膨脹的頭皮立刻暴露在外界的乾燥空氣裡，結果僅有頭皮表面先乾燥，內側依舊溼答答。當頭皮表面因乾燥而皺縮，但潮溼的內側並不會縮起，造成頭皮的細胞全部外翻，水分便從其中的空隙蒸發殆盡，使頭皮變得乾燥。

頭皮過度乾枯，新陳代謝就會減弱，導致毛母細胞難以產生新細胞，最後即加速頭髮稀疏的進展。

除此之外，戴假髮時，通常會用髮扣牢牢固定，髮扣附近的髮根就會受到物理上的刺激而損傷，使髮絲難以生長。因此，用髮扣牢牢固定的地方，遲早會禿掉。

由此可知，想要延緩頭髮稀疏或禿頭的話，最好不要戴假髮。如果要戴，前提是停用洗髮精，使頭皮儘早回復健康狀態。

■刮鬍子不必沾任何東西

與毛髮有關的還有刮鬍子及除毛，接下來一併談談。首先是刮鬍子。許多男性會在刮鬍子前後使用刮鬍水或刮鬍膏，不過，這是多此一舉。刮鬍水有九成是水，其餘的一成則是香料或防腐劑。並沒有滋潤肌膚的效果。

刮鬍膏則是由界面活性劑所構成，會破壞皮膚的屏障功能，使其中的成分滲入皮膚。由於男性的毛孔較大，自然比女性更容易吸收化妝品。當異物入侵，皮膚就會啟動防禦機制，產生發炎反應，皮膚一旦發炎，褪黑激素勢必會增加。

或許發炎反應輕微得連自己也沒有感覺，但是日積月累下來，最後很有可能形成黑斑。此外，臉部出現油亮、發紅等情形時，也有可能是刮鬍膏所造成的。

有些人或許擔心，如果不沾任何東西，刮鬍子時會不會引起過敏？當毛孔的突起部分像砍頭一樣被刮鬍刀刮掉，毛孔就會產生發炎的過敏症狀。不過，除了鬍子特別濃密的人以外，一般人不必抹刮鬍水或肥皂泡沫，只要沾一點水，注意不要刮得太深，而是輕輕淺淺地刮，便不會產生過敏症狀。

使用電鬍刀必須要小心。由於輕輕使用電鬍刀時，仍會殘留一點鬍渣，因此有的人往往會用力往下壓。結果大部分人的鬚根因而受損，引起發炎症狀。

目前市面上也有販售女用電動除毛刀，基於同樣的理由，請各位不要刮得太深，善用安全刮鬍刀才是最安全的方式。女性除毛時，也不必抹任何東西。只要小心不要刮得太深，不要把刮鬍刀用力往下壓，動作輕柔一些，就不必擔心會損傷肌膚了。

■誤以為除毛才帥的男性

最近有不少年輕男性紛紛除去小腿、手臂及胸部的毛髮。對此，我只覺得可嘆。明明男性美與女性美的標準完全不一樣，如今卻混為一談，只能說這些男性誤會大了。

男性美當然也包括男子氣概。當過去有著一張方型「馬鈴薯臉」的查理士・布朗遜（譯註：Charles Bronson，一九二一～二〇〇三，被譽爲美國好萊塢史上最傑出的偉大性格男星之一，代表作爲《豪勇七蛟龍》、《猛龍怪客》系列等），在化妝品公司曼丹（mandom）的廣告中展現「曼丹，男人的世界」時，大家看了立刻明白，那就是所謂的男子氣概。

請問各位：「查理士・布朗遜有用蜜蠟把小腿、胸部及手臂上的毛髮除得乾乾淨淨嗎？」

我並不是抱著男尊女卑的觀念，認為擁有一身肌肉才算是男子氣概。而是覺得動物世界中的雄性體態與雌性體態不同，人類的男性體態及魅力自然也和女性不同罷了。現代卻刻意否定兩者之間的差異，亟欲除去小腿、胸部及手臂上的毛髮，不僅有違男子氣概，透過這種行為造就出光滑的小腿、胸部及手臂，也失去了男性之美。

或許有些男性以為除毛除得光溜溜的才會受女孩子歡迎，但是有不少女性一聽到某位細心體貼、談吐風趣、長得也英俊瀟灑的男性竟然有除毛時，對他的印象頓時大為改觀。

總而言之，皮膚會不斷再生。髮根是皮膚再生的源頭，它就像「種子」，不停產生新的皮膚。若是反覆利用蜜蠟等方式除毛，一再傷害猶如種子的髮根時，就會減弱皮膚的再生功能。再生能力一旦降低，便會加速皮膚老化，容易產生皺紋。

因此，除毛對肌膚來說絕對不是好事。

體驗者的迴響不斷！擺脫洗髮精的心路歷程

我身邊停用洗髮精的不只是男性，也有幾位女性朋友紛紛走上擺脫洗髮精一途。由於人數眾多，在此為各位介紹三位經歷年數較長、意志較堅定的體驗者。

對於不用洗髮精洗髮的女性，也許有人心想她們一定是個性乖僻、一點也不注重打扮的怪人，但這是錯誤的。她們三位都是四十出頭的知性美女，而且十分優秀、打扮時髦，對流行時尚相當敏銳，舉手投足充滿自信，更是酒量極佳、外表亮麗的醫師。

三個人都沒有頭髮稀疏的困擾，也都留著一頭豐盈長髮，不過她們擔心界面活性劑的危害，因此決定改用清水洗髮。

由於她們蓄著一頭長髮，比我們這些短髮的男性更辛苦，因此花了不少心思克服難關。不論男女，所有想要停用洗髮精的人，都可以借鏡她們的經驗；遭遇挫折時也能因此勇氣百倍，再次激起挑戰的決心。

■持之以恆克服「黏膩的頭皮」

在東京白金地區開設美容皮膚科診所的山口麻子小姐（42歲），停用洗髮精已經三年了。最令她開心的是小時候的髮色偏紅，但現在像「海帶芽」一樣漆黑，看起來也更有光澤。

長年使用洗髮精的緣故，使得皮脂增加了不少，因此，不用洗髮精洗髮很難將這些皮脂沖洗乾淨，更慘的是，她開始擺脫洗髮精的時期正好是悶熱的梅雨季節。

「真是挑了一個糟糕的時機呀（笑）。用手指摸一下頭皮，感覺就像抹上髮蠟一樣黏糊糊、油膩膩，梳頭髮時，皮膚角質（頭皮屑）和皮脂、塵埃都會把梳子蒙上一層白垢。」

她說自己是「咬牙」忍耐想用洗髮精洗髮的衝動，熬過了東京的酷暑。

「如果堅持不用洗髮精，最後皮脂一定會減少許多。『沒問題，沒問題！』我就是這樣告訴自己。」

到了十月，頭皮黏糊糊、油膩膩的情況突然好轉。

「真的很不可思議，梳子再也不會沾上一層白垢了。從那時候起，美容院的人也都稱讚我，說我的頭皮愈來愈乾淨，感覺很健康。」

據說這間美容院的老闆也認同擺脫洗髮精的做法，當山口小姐決定擺脫洗髮精時，隨即從旁給予協助。

幫助山口小姐擺脫洗髮精的最大功臣是**梳頭髮**。她不但早上起床梳、回到家也梳、用熱水洗髮之前也用梳子仔細梳理。

「我會從各種不同的方向梳髮，有時候從那邊、有時候換這邊。光是如此，便能梳掉許多污垢。從前的人常常梳髮，所以不必每天洗髮也沒關係。」

梳髮可以把頭皮的皮脂梳到髮梢，達到「梳整髮絲」的效果。至於山口小姐所使用的梳子，是英國製的高級豬鬃梳。

「我自己實行到最後，洗澡時會先用梳子梳一百下，接著將髮絲浸在澡盆裡清洗。『浸洗』就是最適合用來清洗長髮的方式。」

擺脫洗髮精後第二年以及第三年的夏天，她一個月會用洗髮精洗一～二次頭髮。

「在那樣炎熱的天氣裡，我覺得沒必要堅持『絕對不用洗髮精』，因為用洗髮精洗過後會比較舒暢。只不過一用洗髮精洗髮，立刻會破壞皮脂的平衡一段時間。還有，酒如果喝太多，隔天頭髮就會變得黏膩（笑）。」

山口小姐信心十足的說，她一點也不擔心頭髮會散發異味。

「雖然我兒子會說：『媽，你的酒臭味好重！』但是他現在不會對我說：『你頭髮好臭！』（笑）」

如今山口小姐已不再使用化妝品保養肌膚，也不用肥皂清洗臉部和身體，只用熱水而已（這一點與即將介紹的兩位醫師一樣）。停用洗髮精至今，不論出門旅行或上健身房，用來保養的工具也僅有凡士林，十分簡單。不過最感輕鬆的，則是山口小姐的心境。

「感覺就像煩惱一掃而空，連靈魂都感到如釋重負。」

順帶一提，她的女兒和兒子在十歲之前都沒有使用洗髮精，只用熱水清洗臉部與身體。

「他們進入青春期以後，大概是受到同儕的影響而開始對洗髮精有興趣，不過兩個人都沒有出現過敏症狀，非常健康。」

■最重要的是下定決心停用

服務於大學醫院及私立診所的整形外科醫師毛利麻里小姐（43歲），大約是在五年前下定決心停用洗髮精，主要是為了肌膚健康著想。

過去洗臉時，她會卸完粉底之後再洗臉，但是有一天，發現肌膚突然產生粗糙、脫皮以及發紅等狀況。

「當我停用粉底，只用清水洗臉時，肌膚粗糙的情況立刻好轉，但是發紅的情形始終消不掉。我心想，問題可能出在洗髮精，於是決定停止使用。而當時正好是東京酷熱的盛夏……。」

有一天，當我在地下鐵的月台等車，電車進站時，風壓把我的頭髮吹翻到臉上，那一瞬間，我聞到了自己頭髮上的味道。

「我心想：『電車裡搞不好也聞得到我頭髮上的味道！』『真是對不起站在我後面的人哪！』我也只能在心裡道歉了（笑）。」

除了異味之外，毛利小姐也很在意頭髮的黏膩感。由於醫師這份職業必須近距離接觸病患，儘管下定決心停用洗髮精，仍是每隔幾天用洗髮精洗一次，並且搭配使用含酒精成分的護髮液。她也聽從美容院的建議，改用不需要潤絲的精油洗髮精，並嘗試對方介紹的「維生素C洗髮精」。但是她還是很在意頭髮上的異味，只好用40度高溫的熱水加上強力水柱沖洗，結果造成臉部肌膚變得乾燥……。

艱苦奮鬥將近半年，這一切，突然宣告結束。

由於長達十天的新年假期，讓她可以一直待在家裡，不必理會異味和黏膩感。停用洗髮精四～五個月之後，至此終於完全擺脫洗髮精。

「我覺得自己真是可憐，過去到底在幹什麼啊（笑）！最好的方法就是一口氣徹底停用，不要依賴洗髮精的替代品。」

成功擺脫洗髮精後，她也漸漸的不必擔心異味和黏膩感，於此同時，頭髮出現了令人驚喜的變化。

「我的頭髮變得強韌、有彈性。髮絲翹起來時，只要稍微梳理一下，就能服服貼貼。大概是因為停用洗髮精的關係，髮絲再也不會那麼乾燥了。」

以前不用吹風機吹整的話，頭髮就會毛躁得不可收拾。現在只要用吹風機吹到半乾，接著讓它自然乾燥，髮絲就能相當服順。

更驚人的是，解決了一直消褪不去的肌膚泛紅情況。

「由此可見，造成肌膚發紅的原因一定就是流到臉上的洗髮精。」

毛利小姐目前的洗髮頻率，夏天是每天、冬天則是每三天用清水洗髮一次。

「不洗髮的日子，我也會用豬鬃梳仔細梳理頭髮。不但能梳出不少皮脂，也能把大部分的污垢清除掉。」

她有時候也會在髮梢上抹一點玫瑰香味的椰子油。因為她平時不會擦香水這類產品，當她下定決心停用洗髮精時，頭髮上就只有這種香味。

「如果完全沒有一點香味，似乎又少了點什麼，所以我才擦的。當頭髮搖曳飄舞時，立刻散發一股玫瑰甜香，感覺十分優雅。」

對於含有大量界面活性劑的洗髮精以及與它一併使用的潤絲精，毛利小姐認為：

「如果停止使用洗髮精和潤絲精，河川便不會遭受污染。因此，擺脫洗髮精是非常有意義的行為，不但對社會有貢獻，也能改善環境。」

■染髮之前至少先擺脫洗髮精

在東京銀座的美容外科美容皮膚科診所擔任院長的田中早苗小姐，曾經遇到一位研究界面活性劑的男病患對她說：

「危害比面霜更大的，實際上是洗髮精和潤絲精。」

田中小姐在當時早已不用面霜、肥皂以及化妝品，也只用清水洗臉而已。但是每次洗髮時，臉上就會沾到比面霜更毒的洗髮精。

「我覺得很噁心，拚命想用肥皂清洗掉。既然如此，停用洗髮精的話，就沒有這個問題了。」

早在五年之前，田中小姐便因為這個理由而擺脫洗髮精。由於她原本的頭髮十分強韌，髮量也多到「想要打薄的地步」，所以她是為了擁有美麗肌膚才決定挑戰停用洗髮精。話雖如此，不過她本身的肌膚並沒有太大問題。

田中小姐採用循序漸進的方式停用洗髮精，隔一天、隔兩天……慢慢拉長洗髮的間隔。不用洗髮精時，儘管頭髮不至於黏膩，但是髮梢顯得油膩且沉重；可是她也感覺到頭髮裡面是乾燥的。

「當我受不了這樣沉重的感覺時，便用一點洗髮精清洗一下。一方面又想到，頭皮如果沾到界面活性劑，就會影響身體健康，所以我盡量避開頭皮，只清洗髮絲。用洗髮精洗過後，髮梢的沉重感隨即消失，頭髮也鬆散輕盈許多。但是一直想要這份蓬鬆感的話，便很難徹底擺脱洗髮精。」

習慣之後，過了三~四個月即可完全告別洗髮精。

至於現在，她偶爾會覺得頭髮有些黏膩，這時候就會把熱水的水溫提高一些，花時間慢慢沖洗。

「可是洗得太久會傷害到髮絲的表皮層，使髮梢變得毛躁。」

這時派上用場的方法與上述兩位一樣，都是用梳子梳理。山口小姐用的也是豬鬃梳。

「梳髮的時候，或許是梳子上的動物油脂發揮了整髮效果，因此梳完之後，會發覺表皮層服服貼貼，頭髮也變得有光澤。」

洗髮之前，一定要梳髮。

「大概是我的髮量較多，如果不先梳開、直接用清水清洗的話，頭髮就會糾纏在一起。洗髮前先用梳子輕輕梳開糾纏的頭髮，才不會傷害到髮絲。如果洗髮前沒時間慢慢梳髮或是懶得梳時，可以把頭髮浸在澡盆裡，浸泡後的髮絲也會鬆開。」

從幼稚園時期就有白髮的田中小姐，目前有染髮。她本來不打算染，認為白髮也有一番風情。

「可是我媽媽說：『你現在還在工作，一定要染一下啊』，美容師也勸我說：『你的黑髮還很多，還沒完全變白，而且你還那麼年輕，染一下比較好啦』（笑）。」

期待田中小姐將來能如願留著一頭將她的年輕肌膚襯得更出眾的美麗灰髮。

PART 4

清水洗滌正是洗澡的基本觀念

擺脫肥皂使肌膚光滑

在最後一章，我們撇開頭髮不談，而是思考「肌膚」方面的問題。這一章的主題是「擺脫肥皂」，同時也會談到身體各部位的保養方式。

身體的皮膚與頭皮的構造基本上是一樣的，若是能停止使用肥皂這類界面活性劑、只用清水洗澡的話，全身肌膚確實會變得更健康美麗。實際上，我身邊大部分成功擺脫洗髮精的人，都深深著迷於清水洗髮的舒暢痛快，自然而然想要停用屬於界面活性劑的肥皂，開始在日常生活中只用清水洗澡。

擺脫洗髮精、接著停用肥皂，即可大幅減少接觸界面活性劑這項化學物質的機會，從此過著健康舒適的生活。

如此說來，我這七年來不但沒用洗髮精，也不用任何肥皂洗澡，一直都是用清水清洗。

因為我只用淋浴沖澡，所以連洗髮在內，只需二～三分鐘即結束。洗澡速度之快連烏鴉都會嚇一跳。

如第1章所提到的，我有嚴重的過敏體質，一穿上用合成清潔劑洗過的手術衣，就會嚴重起疹，甚至有可能影響到手術的進行。

之所以會引發過敏反應，主要是因為肌膚乾燥，導致皮膚失去屏障功能，使清潔劑的成分滲入體內，引起過敏反應。

造成肌膚乾燥、並且破壞屏障功能的元兇是什麼？就是沐浴乳或化妝皂等肥皂。由於這類產品的強大洗淨效果會損害皮膚的屏障功能，因此，只要停止使用肥皂，即可保護皮膚的屏障功能，讓肌膚不再乾燥。

於是，當我以這套理論停用洗髮精後，決定繼續挑戰擺脫肥皂，「只用清水」清洗身體。

「還撐得下去，再延一天！」就在我試著拉長清水洗澡間隔的過程中，不知不覺已持續了七年，儘管做法和當初停用洗髮精一樣，但是戒掉肥皂顯然比戒掉洗髮精還要輕鬆簡單。有時候難免擔心身上會散發異味，但是幾乎沒有像頭髮那樣產生黏糊油膩的直接負面影響。

雖然會因為流汗而出現汗臭味，可是當我還在用肥皂洗澡時也會出現一樣的情況。然而這七年來沒有用肥皂洗澡，我的身體似乎沒有散發出明顯的體臭。因為自己不清楚有沒有體臭，所以我請妻子與診所裡的同仁們幫我注意有沒有飄出異味。不過，他們只會在我流很多汗時出言提醒，平時幾乎沒什麼太大問題。

我的工作需要每天在診療室對病患說話，而我和病患、護士三個人就待在門窗緊閉的四坪大診療室裡。如果我這個醫師在這種情況下散發出汗臭味或體臭，對病患來說無疑是折磨，也令對方十分困擾。因此，我拜託同仁如果進診療室聞到異味或感覺空氣不流通時，不妨打開門通通風。但是截至目前為止，似乎沒有這個必要。

原因和擺脫洗髮精一樣。我們的體表溫度是34～35度。皮脂及汗水會排出34～35度的體表，若是以差不多相同溫度的「溫水」沖洗，即可沖掉大部分皮脂與汗水。此外，當皮脂形成異味來源的過氧化物質時，越容易用溫水清洗掉。

自從我擺脫肥皂，最大的收穫就是肌膚不再乾燥。

曾經乾燥的肌膚，幾乎都在不到一個月內變得細膩光滑。原本乾燥情況十分嚴重的腹部、腰部及小腿，經過三個月後，也不再發生乾癢刺痛等情形。從此以後，即使到了冬天，我的肌膚也不曾出現乾燥的情況。

一般日常生活並不會產生非得用肥皂才能洗掉的污垢，因此，根本不需要使用肥皂。

及至目前為止，這七年來，我的襯衫領口不但沒有特別骯髒，身體也沒有感到任何不適，我反而因此解決肌膚乾燥的困擾，並且大幅縮短洗澡時間，身上沒有異味或髒污，每天過著簡單、清潔、舒適無比的生活。

開始擺脫洗髮精的你，要不要也挑戰看看擺脫肥皂呢？

「清水洗滌」可治療老人性乾皮症

不時有老人家詢問我有關身體搔癢難受的問題，這種症狀即稱做「老人性乾皮症」。

皮膚會自行產生滋潤成分，也就是「獨家保溼因子」。但是這種獨家保溼因子會隨著年齡增長而減少，皮膚的屏障功能也會跟著減弱；屏障功能一旦下降，肌膚就會變得乾燥。

當肌膚乾燥，便會出現肉眼看不到的細小裂痕，使肌膚容易遭受異物入侵。肌膚為了排除異物，隨即產生發炎症狀，使肌膚搔癢，這就是所謂的「老人性乾皮症」。

根據東北大學榮譽教授田上八朗先生的調查顯示，仙台地區六十五歲的人口中，有95％到了冬季便出現「老人性乾皮症」。

大多數醫院會處方尿素軟膏或類固醇、喜療妥（Hirudoid）乳膏等外用藥物，擦了這些藥物後，症狀立即大幅減輕。不對，應該說，「感覺像是減輕了」。然而，即使擦了這些藥物，只要以肥皂洗澡，依然會使皮膚的獨家保溼因子持續減少，過沒多久一定又會復發。

「這邊有一點癢」，當病患說自己腰部附近搔癢時，我一定會對他說：「只要停用肥皂，並且不用毛巾搓擦腰部，就能立刻治好症狀。」除非情況特別嚴重，否則我都不會開藥。正因為我已診療過幾十位患有老人性乾皮症的病患，就經驗來說，大部分人僅僅停用肥皂即痊癒，沒有完全治癒者，情況也改善許多。

年過五旬的人，請遵守以下兩項規則：不要用肥皂洗澡、不要用毛巾搓擦皮膚。在獨家保溼因子不足的情況下，如果再用肥皂清洗肌膚，一定會變得乾燥、發癢。

再者，就算還沒到五十歲，不論男女老幼，最好也不要用肥皂洗澡。

儘管年輕人不像老年人，即便獨家保溼因子被肥皂除去，也會立刻新增，不容易產生乾皮症。但是肥皂依舊會使皮膚乾燥，導致皮膚的新陳代謝減弱，造成肌膚莫大傷害。

MEMO

50歲以上，請遵守：

1・不用肥皂洗澡

2・不用毛巾搓擦皮膚

皮脂是美肌大敵

肥皂與洗髮精的危害，除了使肌膚乾燥之外，也會刺激皮脂腺發達，導致皮脂大量分泌。

身體的皮膚結構與頭皮基本上完全一樣。每一天、每一天都持續用肥皂洗澡，將皮脂清除得一乾二淨的話，皮脂腺就會為了補充不足的皮脂而變得發達，使皮脂的分泌量大增。而皮脂一定會氧化，氧化的脂質正是造成難聞體臭的主要因素，因此，繼續用肥皂洗澡，就會使體臭愈來愈濃。

遠在從前偶爾才洗澡一次的古早年代，二、三代同堂的日本人全都擠在小房子裡，可是平時幾乎不會有人在意家人的體臭。反倒是習慣每天淋浴、全身沾滿肥皂泡沫洗得乾乾淨淨的歐美人或現代日本人，體臭卻相當嚴重，即有可能是因為皮脂分泌過多所致。

例如我的恩師，他一個月只洗一次澡，由於身上幾乎不會產生皮脂，反而讓體臭愈來愈淡。

氧化的皮脂不只是異味的元兇，也會使肌膚變髒。換句話說，氧化的皮脂就是腐敗的脂質，它會刺激皮膚引起發炎症狀，並在症狀反覆的過程中，慢性破壞皮膚及毛根。

即便在日本，女性也會穿著露背晚禮服出席舞會等場合，而名媛貴婦們的背部肌膚顯得光滑柔膩，十分美麗。據說這些名媛貴婦都有一個觀念：洗澡時不可以用沾了肥皂的毛巾使勁來回斜擦背部。

或許因為如此，她們只用熱水沖一下背部，就算肌膚乾燥，也不會分泌過量皮脂引起發炎症狀，而能保持一身美麗的肌膚。

外科醫師的手不乾淨？

三十多年前，當我還是菜鳥醫師的時代，外科醫師在手術前都會用刷子把整隻手徹底洗乾淨。那時候都教育我們要用含有消毒劑的肥皂及消毒過的刷子刷三分鐘、接著用另一隻刷子清洗二～三分鐘，然後再沖一遍。有的醫師最後還把消毒肥皂抹在手上，這才結束整個流程。

但是，前前後後花了五～六分鐘洗得乾乾淨淨，細菌一定還會殘留在毛孔及汗孔裡，不管洗得多乾淨，細菌也不可能完全消滅。

再加上每次都洗得如此徹底，雙手很快就會被洗爛。事實上，經常洗手的醫師，一雙手才會粗糙脫皮、甚至發炎。尤其是外科醫師的手，不但乾燥，患有溼疹，還有數不清的傷口。

對外科醫師而言，這些傷口才是真正的問題所在。一旦出現傷口，所有細菌就會開始繁殖，數小時後，傷口隨即布滿細菌。

如此一來，不僅皮膚表面滿是細菌，傷口表面也棲息著大量細菌，再怎麼洗手，都不可能把這些細菌全部沖乾淨。就算手上的傷口小得肉眼看不見，但傷口如果是在手指上，因為不知道橡膠手套什麼時候會有破洞，所以在傷口痊癒之前只能暫停施行手術。

儘管一心想要保持手部清潔而拚命洗刷，但是這樣不但無法完全清除細菌，反倒新增更多傷口，使細菌愈來愈多，導致一雙手傷得無法執行手術。換句話說，愈想要弄乾淨，手部反而更骯髒。

據研究結果顯示，持續用又長又硬的刷子洗刷手部是毫無意義且有害的行為，因此，現已經不採用會使手部出現細小傷痕的刷手方式了。如今只照平常一樣用肥皂沖洗，消毒皮膚表面而已。外科醫師的洗手歷史告訴我們，追求徹底清潔，反而更加不潔。這個觀念也可應用在頭髮及身體上。

我之所以建議停用肥皂，實際上也是為了保持身體清潔。

「不乾淨」使人強壯

我小的時候，父親是在有「東北小京都」之稱的秋田縣角館町的町立醫院擔任值班醫師。

那是一間老舊又骯髒的醫院，我從小就和一群手上、衣服上沾滿病患細菌的護士們一起玩。母親曾說，當她去醫院接我，看到我在鞋櫃前拿病患穿的脫鞋舔著玩，當場嚇得驚聲尖叫。

不過，人在這樣的環境下，反而變得更健康強壯。我也因為如此，從小就非常健康，從來沒有因為身體不適而請假不去學校或上班。

妻子和我則是成對比，她的母親十分愛乾淨，所以她幾乎是在無菌的環境下成長，而她自己也受到影響，愛乾淨到誇張的地步。由於我沒有養成外出回來就要洗手的良好習慣，經常直接抓東西來吃，因此每次都被妻子罵。

妻子以前體弱多病，據說小學時便因為氣喘而無法去遠足。在清潔環境下長大的人，身體反而較脆弱，我覺得這個說法是正確的。

至於我的女兒，身體也是十分健康，沒有向學校請過一次假。因為我工作的關係，一家人曾經搬到美國住過一段時間。有一天，當妻子去托兒所接不到兩歲的女兒回家時，發現她正一邊舔一邊玩著沾滿手垢而變黑的玩具。妻子說她看了差點要昏倒。

過度清潔的環境會使人變虛弱，小孩子應該在適度骯髒的環境下成長。這種說法是有醫學根據的。當胎兒在母體內，確實如文字所說的處在無菌狀態中，因此剛出生時幾乎沒有免疫力及抗體。

但是在通過產道途中，會感染到無數大腸菌，接著被母親抱在懷裡時，又感染到其他細菌，因而獲得抗體及免疫力。

特別是出生後半年左右至三歲期間，正是需要大量抗體的重要時期，所以在這段時期最重要的是適度接觸不乾淨的東西。如果不接觸一點不乾淨的東西，便無法獲得足夠的抗體。

三歲之前的幼兒抓起任何東西就會往嘴裡塞，因為這是一種必要的行為。

現代人視不潔為敵，總是想將它徹底消滅。這種過度清潔的傾向會減弱免疫力，使人變得脆弱。從這一點來看，**用清水沖掉污垢即可的「擺脫肥皂」，不但能使我們保持身體健康，同時也更乾淨**。為了孩子著想，請不要太過神經質。

偉大的「水」

北里大學醫院整形外科，是我當醫師的起點。

整形外科平日的工作內容除了照料手術後的傷口之外，也須替全身燒燙傷的病患更換繃帶。首先把傷處清洗乾淨，覆上塗有凡士林或生理食鹽水的新紗布，再用繃帶包紮。我之所以提出擺脫洗髮精及擺脫肥皂的構想，便是來自治療燒燙傷的現場經驗。

健康的皮膚擁有巨噬細胞（Macrophage）和伽馬球蛋白（Gamma-Globulin）這類免疫功能，可消滅入侵的細菌，但是受到燒燙傷而壞死的皮膚組織缺少這種防禦機制，完全處在不設防的狀態。缺乏防護的組織一旦遭到細菌感染，病患便有性命危險。因此，這是為了避免感染、攸關病患生死的治療工作。

由於這間醫院是大學醫院，所以藥廠都會拿各種新藥過來。我們有時候為了儘快治癒病患，也會反覆嘗試許多藥物。

當時燒燙傷的標準治療程序之一，是在傷處塗上預防感染的軟膏或乳膏基劑抗生物質，但是我總覺得不對勁。

在燒燙傷的復原過程中，因皮膚壞死而溶解的毛孔會產生「皮膚芽組織」。然而，如果照教科書的做法，在該處塗上抗菌劑等乳膏，反而讓好不容易復原中的燒燙傷處又變爛。現在想想，傷口之所以會變爛，主要是傷處想要排除乳膏這類異物，因而分泌大量組織液，並且和死細胞混在一起的緣故。

因此，我們試著只用生理食鹽水清洗傷處，痊癒效果反而比塗上任何一種最新、最昂貴的藥物更快速。生理食鹽水是與體液濃度大致相等（約〇．九％）的食鹽水，純粹是稀釋過的鹽水。由於傷口一旦乾燥，細胞就會死亡，所以一定要保持傷口溼潤。雖然有一派說法認為應該在傷處塗上乳膏或軟膏，避免傷口乾燥；但是根據經驗顯示，我們覺得用沾有生理食鹽水的敷料覆蓋傷處避免乾燥的療法，才是基本又簡單的最佳方式。

事實上，用生理食鹽水敷料不會使傷口變爛，而是能幫助「肉芽組織」順利生長，加速傷口痊癒。生理食鹽水不具刺激性，碰到傷口也不會痛，再加上治療費非常便宜，再也沒有比這更好的治療法。我因此明白，生理食鹽水這種「水」，比抗生物質或乳膏更能有效治療燒燙傷。

當然，燒燙傷的治療方式因人而異，有時候光用鹽水並不足夠。引發嚴重感染時，仍是需要在治療過程中使用含有抗菌劑的敷料。不過，就治療燒燙傷而言，這是感染情況變嚴重的特別處置方式。

上述處理方式不僅應用在燒燙傷，像是「傷口不可以消毒、化膿時只要用清水洗淨就好」，這種觀念也已成了現代整型外科的基本常識。但是在當年，我們是透過燒燙傷的療程才明白這個道理。

舉例來說，受傷時，如果傷口沾有小石頭等異物，細菌就會快速大量增殖，若是置之不理，便會遭到細菌感染。可是消毒了傷口，反而會殺死周遭的常在菌及正常細胞，導致傷口遲遲難以癒合。

由此可知，傷口不可以消毒，而是要用清水將異物沖洗掉。如此不但能使傷口儘快復原，也會比經過消毒的傷口癒合得更完善。

因為傷口最需要「保持清潔」，所以用清水清洗是最好的治療方法。尤其是當燒燙傷病患受到感染影響而在生死邊緣徘徊，最能仰賴的便是生理食鹽水這種水分。偉大的水，正是最佳「良藥」。

要在日常生活中維持身體及頭髮清潔時，最理想的自然是藉助水的力量加以清洗。**清水不會使皮膚乾燥，也不會造成皮脂大量分泌引起濃烈體臭，更不會使肌膚或頭皮粗糙，最重要的是它能將污垢及異味洗得乾乾淨淨。**

上完廁所也只要用清水洗手！

除非罹患膀胱炎或尿道炎，否則從健康的身體排出來的尿液不會有細菌。因為無菌，就算尿液沾到手上也可以不必清洗，但如果覺得很噁心，也只要用清水沖洗即可。

糞便與尿液不同，其中含有大腸菌，可是清水也能沖掉大腸菌。腹瀉時，糞便裡的細菌毒性會比平時還強，不過這類細菌全都可以用清水沖掉。

細菌的大小約為一公釐的千分之一～百分之一。這麼微小的細菌絕對承受不住水流的強大水壓，幾乎都會被沖掉。

就算有的細菌能苟延殘喘殘留在某處，也不必擔心。細菌在繁殖之前，必須先打造自己的「堡壘」（醫學上稱做「生物膜（Biofilm）」）。一般來說，這座堡壘需動用十萬個以上的細菌才能建成，否則就會因為數量不足而被巨噬細胞及伽馬球蛋白等免疫細胞所消滅，不可能引發感染。

至於「十萬個」這項數字，與毒性強弱無關。絕大多數細菌不管毒性是強是弱，沒有十萬個便無法建立堡壘，所以不會引起感染。

儘管有少數細菌的感染力極強，但也需要一百～一千個才能發揮作用，只要以清水仔細沖洗，減少細菌的數量，就算感染力極強的細菌入侵，也不必擔心遭到感染。這一點已經過醫學驗證。

學校都教導我們，從外面回家後要先用肥皂洗手。不過，就像前面所說上完廁所可以不必用肥皂洗手一樣，外出回家也只要用清水洗手，藉此減少細菌的「數量」即可。

無用的消毒液

最近到處可以看到公共設施在入口處放置酒精消毒液，醫院自不用說，就連銀行、區公所或大型超市門口也都擺著。如果每次進去這些建築物之前都噴一點消毒液，不僅傷害皮膚，還會殺死常在菌，甚至因此沾染許多來路不明的細菌，讓手更不乾淨。

除非適逢流行性感冒或ＳＡＲＳ、諾羅病毒肆虐，否則的話，只要用清水仔細清洗，減少細菌的數量即可。不需要使用肥皂，更不需要用酒精消毒，這麼做只會減弱常在菌，讓細菌更容易滋生，反而變得不乾淨。

自二〇〇九年起，公共設施有義務設置消毒液供民眾使用。但是繼續採用這種做法，極有可能產生對酒精有抵抗力的細菌，使手部罹患皮膚炎的人愈來愈多。一想到這，我就毛骨悚然。

然而，在流行性感冒盛行期間，政府除了要求人們洗手以外，也必須勤於漱口。根據一項調查結果顯示，有漱口的人及沒有漱口的人罹患流行性感冒的機率並無二致。此外，科學方面的資料也表示漱口沒有預防流行性感冒的效果。

雖然醫學上沒有相關實證，不過我認為，利用漱口方式沖掉和空氣一起吸進嘴巴及喉嚨的病毒，仍是具有預防的效果。

這時候不必使用漱口水，只要用清水漱口即可。罹患感冒或流行性感冒時使用漱口水也許有效，但是在沒有任何徵兆的情況下、只為了預防而頻頻使用漱口水，反而會減少口中的常在菌，更容易遭受病毒感染而罹患感冒等疾病。

明礬可消除腋下異味

提到異味，最令人在意的就是狐臭了。在解釋狐臭問題之前，首先必須談談汗腺。

製造汗水的汗腺可分為小汗腺（Eccrine Glands）與大汗腺（Apocrine Glands）。小汗腺遍布全身，會分泌涔涔汗水，主要功能是調節體溫。一般所說的「一身臭汗」，指的即是小汗腺分泌出來的汗水。大汗腺分布於腋下、乳頭、陰部及耳內等處，會分泌出含有大量脂質及蛋白質等成分的黏質汗水。有狐臭的人便是因為大汗腺發達，而大汗腺所分泌的汗水經過細菌分解，就會產生獨特的味道。有些人認為，這種異味具有吸引異性的費洛蒙作用。

小汗腺與大汗腺所分泌的汗水，以及汗臭或狐臭等異味成分本身都可以用清水洗掉，所以不必特地用肥皂清洗腋下。不管用清水或肥皂，剛洗過後都不會產生味道，而且兩者維持到細菌開始繁殖的時間也差不多。用肥皂清洗並不會因此延緩異味產生，或者讓異味不那麼濃郁。

想減輕狐臭的話，可以利用常用來當作醃漬物保色劑的明礬（硫酸鋁鉀）。藥房及超市都可買到，價格相當便宜。

溶於水中的明礬呈酸性，可抑制細菌繁殖。

使用時，可將明礬結晶或粉末溶於水中之後抹在腋下，或是將結晶沾水擦拭腋下。

話說回來，我曾經研究過狐臭的治療法。我的方法是在狐臭患者腋下塗滿抗菌劑，靜置數小時，藉此殺死造成異味的細菌，讓患者的腋下暫時保持乾淨的狀態，接著從沒有狐臭的人腋下採集細菌，經過培養繁殖後，塗在患者的腋下。重複四～五次療程後即可治癒狐臭。儘管有人無法完全根治，但至少可以減輕異味。

當時我治療了五個人，遺憾的是研究經費無以為繼，不得不中斷研究。研究期間，那五名病患均表示，狐臭問題在治療後二～三年便沒有那麼嚴重，但之後是否完全改善異味問題？或者有些復發？很可惜，我完全不知道。我至今仍然期待這項治療法能夠普及，也想過重新展開研究。

清水可將糞便及尿液沖乾淨

胯下也可以只用清水清洗。糞便中除了大腸菌以外還有許多細菌，但只要用清水清洗，幾乎可以把這些細菌全部沖掉。其中或許會殘留一些，只要細菌不要超過一定數量，我們就不會遭受感染，更何況體內的常在菌會將它們驅逐出去。至於造成糞便臭味的腸內壞菌，一樣能用清水沖掉。

此外，除非罹患膀胱炎或尿道炎，在身體健康的情況下排出來的尿液是無菌的，只用清水沖洗也沒有任何不妥。女性就算罹患膀胱炎，不，正因為罹患膀胱炎，更不應該用肥皂清洗胯下。用肥皂清洗不但會消滅常在菌，也會使免疫力降低，因此醫師都會建議病患只用清水清洗。

對女性來說，可能會排斥在生理期間只用清水清洗胯下，但是清水可洗掉沾在皮膚上的血液。或許也會擔心使用衛生棉時，會不會因為不透氣而影響衛生，不過，會在「高溫潮溼狀態」下繁殖的細菌，與血液一樣全都能被水沖洗掉。

皮膚在生理期間會變得敏感，容易受到刺激，所以更不建議用肥皂清洗。儘管如此，若是非常在意異味問題，不妨偶爾用肥皂清洗。但是請注意，用肥皂清洗過度會減少常在菌，反而讓身體不乾淨。

除此之外，最近有許多馬桶均附有清洗器。

女性的陰道裡棲息著「陰道乳酸桿菌」（Doderlein）這類常在菌，使陰道得以保持酸性，避免雜菌滋生。但是醫學博士藤田紘一郎先生對使用馬桶清洗器的女性提出警告，認為清洗器會把陰道乳酸桿菌沖洗掉，使陰道轉趨中性，造成雜菌滋生，導致愈來愈多女性罹患陰道炎。

不只是女性，有一派說法認為男性若是用肥皂過度清洗胯下，也會使胯下感染和香港腳一樣的白癬菌，不少人即因此染上錢癬（Ringworm）。

由於常在菌會不時「清理」肛門及周遭部位，因此一般來說，並不會增加病原菌。沐浴時，只要用清水仔細沖洗，就不會有太大問題。

腳部也需要活躍的常在菌

用肥皂洗腳實在很多此一舉。腳底雖然沒有皮脂腺，但是許多汗腺集中在此處，若是流汗過多就十分麻煩。再加上穿了鞋子，腳部即處於密封狀態，溫度因此上升，在這樣高溫潮溼的狀態下，一定會悶得不透氣。

由於高溫潮溼，黴菌及細菌繁殖得愈來愈多，本身即散發出難聞的異味。因此，平時不可輕忽常在菌，才能讓皮膚保持弱酸性。

用肥皂洗腳會使常在菌的數量減少。常在菌減少，雜菌就會增加，這就是散發異味的元兇。除了異味之外，也容易滋生白癬菌等黴菌，而罹患香港腳的腳部也會有臭味。

只用清水清洗的部位不會消滅太多常在菌，不僅如此，清水還能將汗水以及附著在汗水上的細菌、黴菌、甚至污垢沖得乾乾淨淨。清洗時掰開每根腳趾仔細清洗，並且用足夠的水量徹底沖洗整個腳部的話，只要沒有罹患香港腳等疾病，腳部就不會有異味。

然而，會散發出異味的常在菌有時也會棲息在腳部。這時就得和治療狐臭一樣，只能減少菌數或者替換菌叢。減少菌數的方法便是一天換兩次襪子，並使用可消除狐臭的明礬。

如果腳部依然有異味，問題可能出在鞋子。

因為高溫潮溼的關係，鞋子內側與鞋墊等處會沾滿腳部的細菌及黴菌，使鞋子散發惡臭。如果繼續穿這雙鞋子，這股惡臭自然會轉移到襪子和腳上。

平時要多保養鞋子，像平底帆布鞋這類鞋子最好定期清洗，如果是無法清洗的鞋款，也要穿一天休一天，讓它保持通風。

當自己再怎麼努力保養，鞋子依舊沾滿細菌和黴菌，最好的做法就是扔了這雙鞋。

保養腳跟

一到冬天，便有不少女性患者飽受腳跟乾燥龜裂所苦。大部分人會用銼刀去磨，但是不必使用銼刀及肥皂，只要塗抹抗真菌劑或凡士林，腳跟立刻變得光滑，改善惱人的問題。

腳跟的皮膚很特殊，因為隨時都要承受體重，所以角質層（皮膚最上層，由角質死細胞所形成）相當厚。若是用肥皂清洗，角質層乾燥之後立即失去柔軟度，變得像日本過新年時的供品「鏡餅」一樣堅硬、產生裂痕。在這種情況下繼續用肥皂清洗腳跟，無疑是讓肌膚更加乾燥而龜裂。

腳跟肌膚變硬時，最糟糕的做法便是用浮石或銼刀磨平。剛磨完後的腳跟或許會變光滑，但是角質層隨後一定會產生「防禦反應」而增厚。當角質層變厚，就會更容易乾燥而龜裂。

這種情形可多塗一些抗真菌劑或凡士林，一天一～二次。如果擦了幾天後依然改善不了發硬的情況，可塗抹含有尿素或水楊酸的乳膏，或是採用乙二醇濃度30～50％的換膚療法。

如果以上方式都沒有效果，極有可能是罹患了香港腳所致。有的香港腳病例幾乎不會發癢，或者只有一隻腳罹病。因此，請不要自行診斷，務必前往皮膚科接受治療。

鹽是最好的入浴劑

不用肥皂、只用「溫水」洗澡的人，因為肌膚上充滿「獨家保溼因子」這項天然保溼成分，因此肌膚非常光滑細膩。不過，以淋浴方式洗澡須注意幾項要點。

淋浴的水溫如果超過38度，肌膚一定會變乾燥。因此，淋浴時請盡量降低水溫、減弱水壓。

市面上販售許多具有保溼效果或促進血液循環等功效的入浴劑，但這些產品多半含有防腐劑以及來路不明的化學物質，請各位最好不要用。比起這類產品，我建議大家使用「鹽」。它比市售的入浴劑更便宜又安全，也能加速傷口復原，對肌膚十分有益。

儘管皮膚具有屏障功能，但是長時間浸泡在「淨水」裡，對肌膚並不是一件好事。治療燒燙傷時，如果讓傷口浸在淨水，細胞就會因為滲透壓的關係吸收水分而膨脹。

若是將細胞浸在濃度同樣是〇．九％的生理食鹽水裡，由於滲透壓相等，細胞便不會受到滲透壓高低的影響，而將水分排出去或是吸收外來的水分，這種鎖水狀態可減少細胞的刺激與負擔，保持穩定。

臉部也只需用清水輕輕洗滌

接下來大致說明一下宇津木流護膚美容法中的清水洗臉法。

晚上用清水把臉部一整天的污垢沖乾淨，早上也只需用清水洗掉眼部周圍的眼屎或睡眠期間產生的過氧化脂質等成分。理想的水溫為30～34度，冬天如果覺得太冷，可將溫度稍微提高一些。

淋浴期間洗臉時，請注意水壓不要太強。來我診所治療的病患中，有人的皮膚狀況不太好，經過詳細詢問後，才知道是用熱水淋浴，並以強力水柱沖洗臉部。而這樣的人還不少。

在洗臉台洗臉時，要把雙手捧成「碗狀」，盛接「溫水」依序抹在臉頰和額頭、鼻子等部位。以蜻蜓點水的方式，反覆用手掌輕觸臉部皮膚沾洗，感覺就像用流動的清水洗臉一樣。

以上是對肌膚負擔最少的清洗方式。不過，不一定要依照上述方法，只要注意動作放輕、溫柔地清洗即可。

洗完之後，用毛巾在臉部各個部位輕按三~五秒，吸收臉上的水分。千萬不要用毛巾使勁搓擦。建議各位使用舊毛巾，因為愈舊的毛巾吸水力愈強。如果舊毛巾的表面有些發硬，請將它揉軟後再使用。

粉底可用純皂卸除

接下來談談女性卸妝的洗臉方式，男性可略過不看，直接閱讀下一部分。

如果擦的是液狀或乳霜類的粉底，卸妝時一定要用肥皂。因為這類粉底含有油分及界面活性劑，只用清水無法卸除乾淨。

請不要使用合成清潔劑之類的肥皂，而是選用純皂，將它搓出細緻泡沫後溫柔地清洗臉部。泡沫可分解油性污垢，並使污垢浮起。注意不要搓得太用力，讓肌膚與手掌之間隔著泡沫輕輕搓洗。

千萬不可以用洗面乳卸妝。因為其中含有大量界面活性劑，用它卸妝，絕對會使肌膚變得乾燥。

在臉上抹勻洗面乳時一定會摩擦到肌膚，就算用抽取式的卸妝棉也是一樣。搓擦過猛，不僅會把獨家保溼因子搓掉，也是造成肌膚乾燥的因素。

只要不再使用洗面乳，即可大幅改善肌膚狀況。

如果只用純皂卸妝，難免會殘留一些在肌膚上，但不必擔心，它會在隔天卸掉新的粉底時一起被洗掉。經過三～四天，它也能和污垢一起清除乾淨。用洗面乳等產品徹底卸妝、不殘留任何粉底，對肌膚的損害反而更大。

除了液狀或乳霜類的粉底之外，粉狀粉底或蜜粉也含有油分，使用前請先確認成分標示。因為清水無法卸除油分，所以建議使用純皂。

純皂不含化學物質，不會傷害肌膚，但是它的洗淨效果相當強，每天使用很容易使肌膚乾燥。如果想要擁有健康美麗的肌膚，最好還是堅持用清水清洗。

只想用清水卸妝的話，勢必得排除只能用肥皂卸除的粉底。至於到底要改用不含油分及界面活性劑的粉狀粉底或蜜粉較好，或者乾脆都不要用？我的建議當然是不要使用粉底。就算產品中不含油分或界面活性劑，將它塗抹在臉上一樣會摩擦到肌膚。

對女性來說，化妝不僅是一種禮貌，本身也不太願意素著一張臉出門工作吧。不過，擦上口紅和眼妝等重點化妝時，接待客人時並不會太過失禮，說不定對方反而沒注意到自己沒有上粉底。

沒有上粉底的肌膚看起來柔嫩清新，肌膚本身也散發一股高雅氣息。持續一段不用粉底、不用肥皂的生活後，肌膚一定會變得更美。希望各位能試著挑戰不使用粉底。

順帶一提，第3章所介紹的三位美女醫師，全都沒有用粉底。

男人根本不需要保養肌膚！

最近不僅是女性，也有不少男性相當注重肌膚保養，實在很不可思議。有些男性的毛孔大小甚至是女性的一倍以上。正因為如此，更容易受到化妝品所含化學物質的傷害。

日本使用的果酸換膚藥劑較弱，美國使用的藥劑則相當強，甚至能讓肌膚產生滑溜的效果，但也因此造成灼傷或發炎等問題。其中男性發生問題的機率遠遠超過女性。主要就是因為男性的毛孔較大。

我的男病患中，有不少人是被妻子叨唸「好歹擦點化妝水、擦點乳液！」才開始使用化妝品。用顯微鏡觀察他們的肌膚後，發現就像熱衷於肌膚保養的女性一樣，所有毛孔都出現發紅發炎的情形。從這一點即可知道，毛孔大的男性就算只在短期間內使用化妝品，也會遭受極大傷害。

近年來時常可在百貨公司的男性化妝品賣場看見男士們的身影。一想到日本的男性本來已經使用過多洗髮精而加速禿髮，現在又開始用化妝品保養導致肌膚提早老化，心裡實在不勝唏噓。

正因為男性的毛孔較大，一旦開始用化妝品保養，肌膚轉眼就會老化。但願諸位男性謹記在心，千萬不要起心動念：「夫女子所為之肌膚保養者，吾輩男子且仿效以試……。」

專業校閱

邱品齊　美之道皮膚科診所院長

用不用洗髮精只是一種選擇

——需不需要？適不適合？才是重點！

洗髮精本來就不複雜，只是有些人把它變複雜了！

近年來化妝品市場變化相當大，其中有個明顯的趨勢就是對於化妝品成分的安全性以及配方的單純性要求越來越高。以前從早到晚要用一堆化妝保養品，現在反而提倡化繁為簡；以前大家不會注意到化妝品成分的細節，現在三不五時就會被媒體新聞所提醒。舉例來說，提到洗髮精，大家一定耳熟能詳，也一定都用過。但老實說現在市售洗髮精的配方很多都太複雜。有不少品牌為了增加頭髮順滑及光澤感，就會添加矽靈、四級胺（聚季銨鹽）及防曬劑。為了加強感性訴求，就會添加香料及色素。為了增加宣稱的多樣性，就可能會添加雌性素及各種萃取物。為了節省成本，其中界面活性劑與防腐劑的溫和度及安全性就常受到質疑。原本應該是很單純安全的頭皮及頭髮清潔產品，最後卻變得異常複雜，不但對於頭髮來說負擔會加重，對於頭皮而言風險也會變大。

不是所有的髒污及油垢都可以用清水洗淨！

很多人都以為洗髮精是洗頭髮用的，但老實說洗髮精最重要的目的應該是把頭皮洗乾淨。因為頭皮跟皮膚一樣是由活細胞所組成，而頭髮主要只是角質蛋白纖維結構。現在很多洗髮精為了增加頭髮暫時的質感及觸感，卻反而犧牲了頭皮長期的健康，這實在是本末倒置的作法。可能是因為這樣，於是這幾年有些民眾團體就提倡洗頭髮不用洗髮精的作法，但這樣的方式卻是有點以偏概全。尤其是身處亞熱帶的台灣，氣候常常較為悶熱，大家的頭皮也比較容易出油，甚至很多人有習慣使用頭髮造型品。加上近年來空氣中ＰＭ2.5霾害的汙染問題很嚴重，如果只單純用清水沖洗，有些髒污及油垢真的是很難被清洗乾淨。

如何選擇單純、溫和、安全的洗髮精其實才是重點！

或許因為洗髮精常被認為只是一般大眾商品，於是多數廠商都只以廣告行銷做為產品訴求，造成很多產品只強調附屬功能反而忽略了根本目的。如何能單純有效的把頭皮及頭髮洗乾淨、如何兼顧成分對於頭皮及環境生態的安全性、如何維持頭皮的健康以及皮表共生菌落的平衡，才是優質洗髮精的設計重點。世界進步了，洗髮精也是會進步。如果只是一味的反對使用洗髮精或是毫無選擇的使用洗髮精，其實兩者都不是很正確。在化妝品產業走向藥妝化及個人化的時代，如何選擇優質的產品給適合的消費者使用，應該才是雙贏的作法。所以洗頭時要不要使用洗髮精，就跟洗臉要不要用洗面乳、洗澡要不要用沐浴乳一樣，並沒有絕對答案，就端看自己需不需要以及適不適合。也就是說，這只是一種選擇，而不是唯一的選擇，更不是所有人都適合這種選擇。

悅讀健康系列 HD3114Y

擺脫洗髮精，頭髮變多更健康！【暢銷修訂版】

——日本抗老名醫傳授，大幅減少掉髮、告別頭髮煩惱的養髮祕訣！

作　　者／宇津木龍一
翻　　譯／莊雅琇
選　　書／梁瀞文
責任編輯／梁瀞文

行銷經理／王維君
業務經理／羅越華
總 編 輯／林小鈴
發 行 人／何飛鵬
出　　版／原水文化
台北市民生東路二段 141 號 8 樓
電話：02-2500-7008　傳真：02-2502-7676
網址：http://citeh2o.pixnet.net/blog E-mail：H2O@cite.com.tw
發　　行／英屬蓋曼群島商家庭傳媒股份有限公司城邦分公司
台北市中山區民生東路二段 141 號 2 樓
書虫客服服務專線：02-25007718；02-25007719
24 小時傳真專線：02-25001990；02-25001991
服務時間：週一至週五上午 09:30-12:00；下午 13:30-17:00
讀者服務信箱 E-mail：service@readingclub.com.tw
劃撥帳號／ 19863813；戶名：書虫股份有限公司
香港發行／香港灣仔駱克道 193 號東超商業中心 1 樓
電話：852-2508-6231　傳真：852-2578-9337
電郵：hkcite@biznetvigator.com
馬新發行／城邦（馬新）出版集團
41, Jalan Radin Anum, Bandar Baru Sri Petaling,
57000 Kuala Lumpur, Malaysia.
電話：603-9057-8822　傳真：603-9057-6622
電郵：cite@cite.com.my

美術設計／鄭子瑀
製版印刷／卡樂彩色製版印刷有限公司

初　　版／2015 年 12 月 22 日
暢銷修訂版／2022 年 04 月 21 日
定　　價／350 元

城邦讀書花園
www.cite.com.tw

ISBN 978-626-95742-8-5

國家圖書館出版品預行編目資料

擺脱洗髮精，頭髮變多更健康！：日本抗老名醫傳授，大幅減少掉髮、告別頭髮煩惱的養髮祕訣！ / 宇津木龍一著；莊雅琇譯 . -- 二版 . -- 臺北市：原水文化出版：英屬蓋曼群島商家庭傳媒股份有限公司城邦分公司發行, 2022.04

面；　公分 . -- (悅讀健康系列 ; HD3114Y)

ISBN 978-626-95742-8-5(平裝)

1.CST: 毛髮　2.CST: 毛髮疾病　3.CST: 健康法

425.5　　111004394

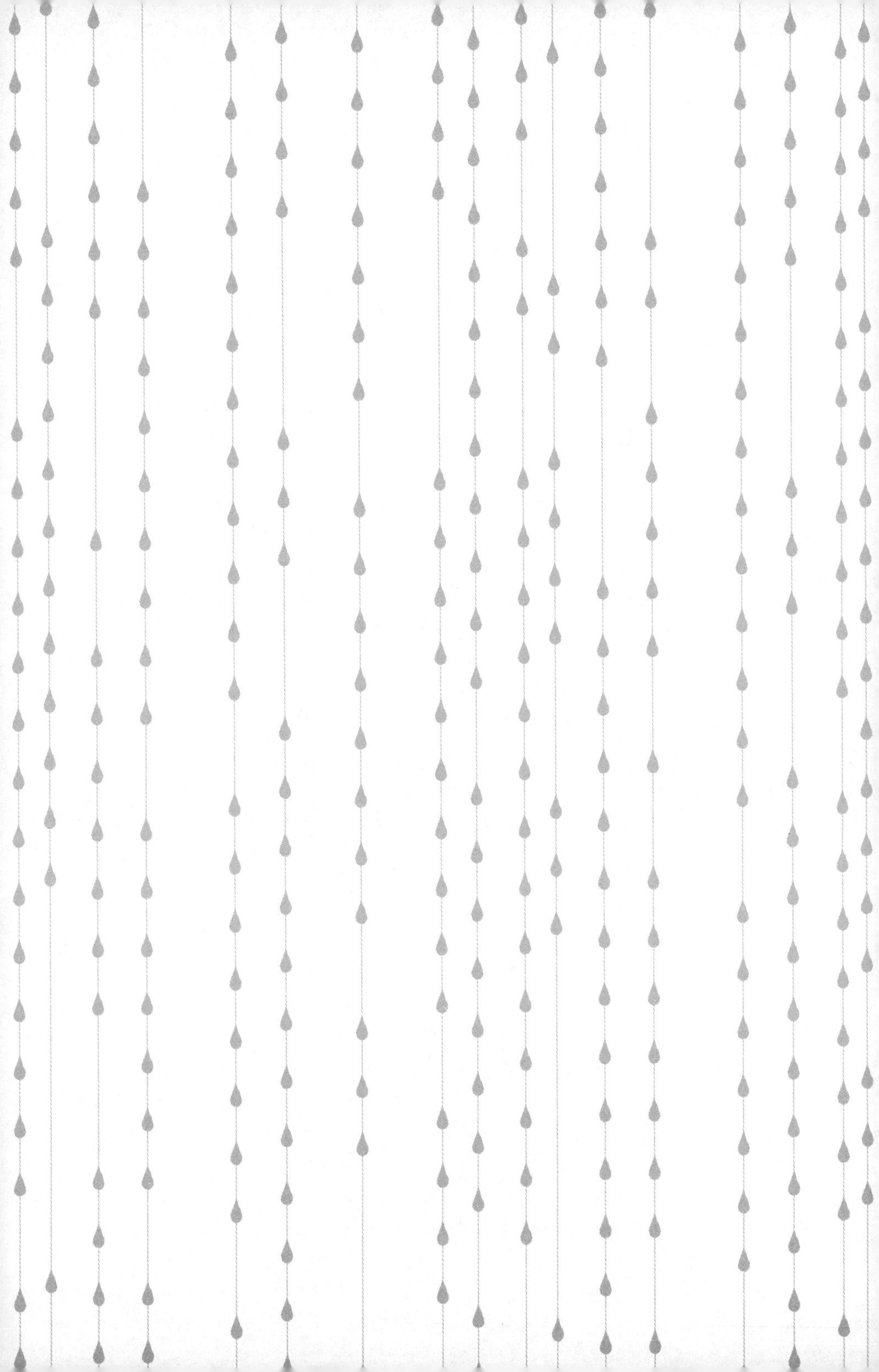

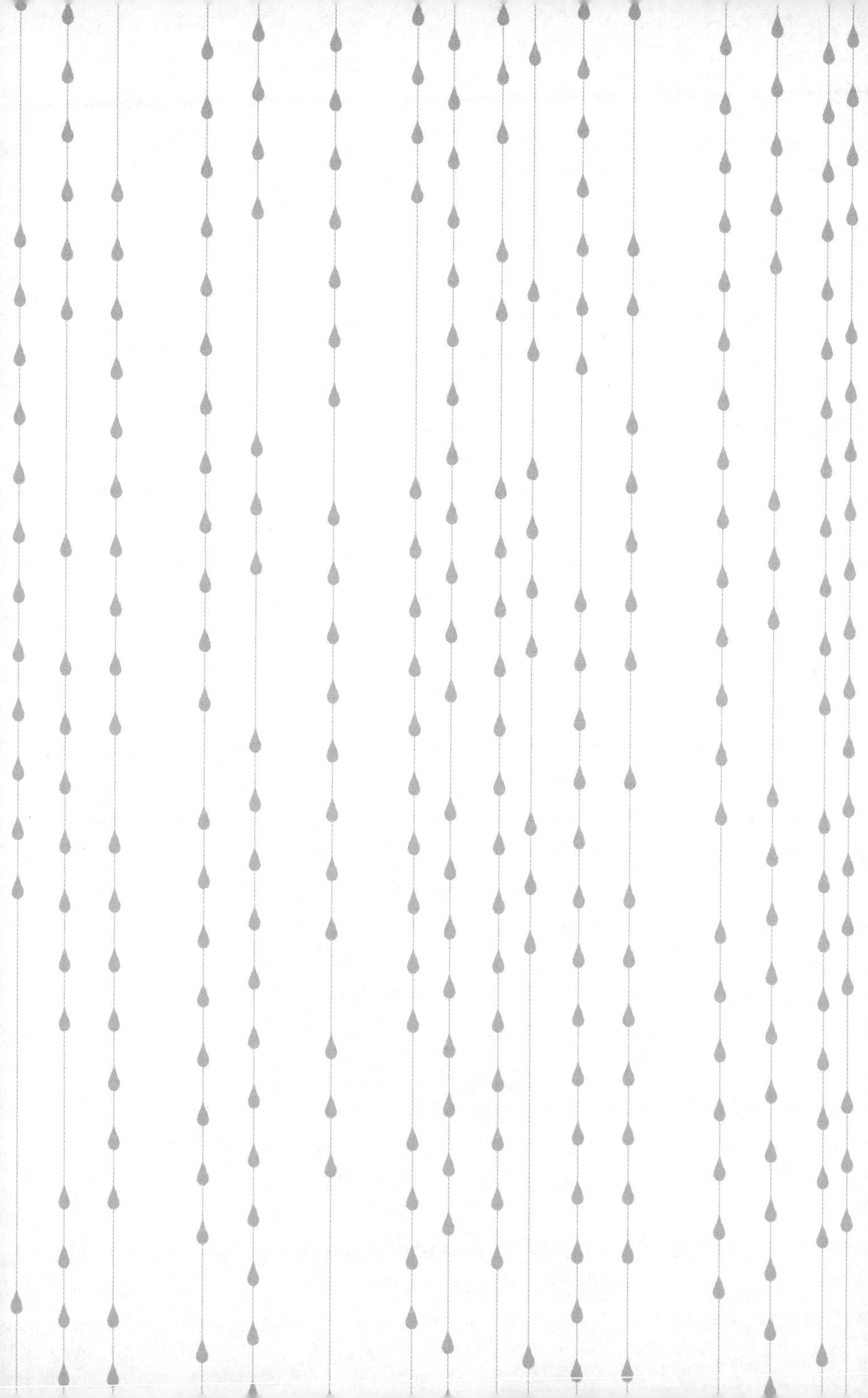